《双碳目标下"多能融合"技术图解》编委会

编委会主任：

刘中民　中国科学院大连化学物理研究所，中国工程院院士

编委会副主任：

蔡　睿　中国科学院大连化学物理研究所，研究员

编委会委员（以姓氏笔画排序）：

王志峰　中国科学院电工研究所，研究员

王国栋　东北大学，中国工程院院士

王建强　中国科学院上海应用物理研究所，研究员

王艳青　中国科学院大连化学物理研究所，高级工程师

王集杰　中国科学院大连化学物理研究所，研究员

叶　茂　中国科学院大连化学物理研究所，研究员

田亚峻　中国科学院青岛生物能源与过程研究所，研究员

田志坚　中国科学院大连化学物理研究所，研究员

吕清刚　中国科学院工程热物理研究所，研究员

朱文良　中国科学院大连化学物理研究所，研究员

朱汉雄　中国科学院大连化学物理研究所，高级工程师

任晓光　中国科学院大连化学物理研究所/榆林中科洁净能源创新研究院，
　　　　正高级工程师

刘中民　中国科学院大连化学物理研究所，中国工程院院士

许明夏　大连交通大学，副教授

孙丽平　国家能源集团技术经济研究院，工程师

严　丽　中国科学院大连化学物理研究所，研究员

杜　伟　中国科学院大连化学物理研究所，正高级工程师

李　睿　上海交通大学，教授

李先锋　中国科学院大连化学物理研究所，研究员

李婉君　中国科学院大连化学物理研究所，研究员

杨宏伟　国家发展和改革委员会能源研究所，研究员

肖　宇　中国科学院大连化学物理研究所，研究员

何京东　中国科学院重大科技任务局，处长

汪　澜　中国建筑材料科学研究总院，教授

汪国雄　中国科学院大连化学物理研究所，研究员

张　晶　大连大学，教授

张宗超　中国科学院大连化学物理研究所，研究员

陈　伟　中国科学院武汉文献情报中心，研究员

陈忠伟　中国科学院大连化学物理研究所，加拿大皇家科学院院士、加拿大工程院院士

陈维东　中国科学院大连化学物理研究所/榆林中科洁净能源创新研究院，副研究员

邵志刚　中国科学院大连化学物理研究所，研究员

麻林巍　清华大学，副教授

彭子龙　中国科学院赣江创新研究院，纪委书记/副研究员

储满生　东北大学，教授

路　芳　中国科学院大连化学物理研究所，研究员

蔡　睿　中国科学院大连化学物理研究所，研究员

潘立卫　大连大学，教授

潘克西　复旦大学，副教授

潘秀莲　中国科学院大连化学物理研究所，研究员

魏　伟　中国科学院上海高等研究院，研究员

DIAGRAMS FOR
MULTI-ENERGY INTEGRATION
TECHNOLOGIES TOWARDS DUAL CARBON TARGETS

双碳目标下"多能融合"技术图解

蔡　睿　刘中民　总主编

·北京·

"多能融合"技术总论

朱汉雄　李婉君　主编

化学工业出版社

·北京·

内容简介

我国能源各分系统相对独立，难以合并"同类项"，导致能源系统结构性矛盾突出，整体效率有待提高，这已经成为制约我国能源高质量发展的核心问题。缺乏能联系不同能源种类、打破系统壁垒、促进能源系统统一、多能互补融合的关键技术是核心。以中国科学院为代表的一批国内能源领域的科研机构经过多年研究，针对现有能源系统中系统割裂的问题，提出通过技术创新实现多种能源互补融合的"多能融合"理念。为让更多读者理解"多能融合"理念，中国科学院大连化学物理研究所研究团队基于中国科学院能源领域先进技术的长期研究和实践，以图解形式全面展现"多能融合"理念下化石能源清洁高效利用与耦合替代、可再生能源规模应用与先进核能、储能氢能与智能电网、终端能源低碳转型、二氧化碳捕集利用与封存领域等5条"多能融合"科技路径，12个关键技术领域的宏观现状态势、行业发展趋势、关键技术问题和技术发展路线等4个问题。

本书深入浅出，适合政府管理人员、金融机构从业人员、科研机构研究人员、企业管理人员及广大学生等各类读者。

图书在版编目（CIP）数据

"多能融合"技术总论 / 朱汉雄，李婉君主编.
北京 : 化学工业出版社，2024. 11. --（双碳目标下"多能融合"技术图解 / 蔡睿，刘中民总主编）. -- ISBN 978-7-122-45921-3

Ⅰ. TK01

中国国家版本馆CIP数据核字第2024QR0743号

责任编辑：满悦芝　杨振美　郭宇婧　　　　装帧设计：张　辉
责任校对：刘　一

出版发行：化学工业出版社（北京市东城区青年湖南街13号　邮政编码100011）
印　　装：北京瑞禾彩色印刷有限公司
710mm×1000mm　1/16　印张12¾　字数161千字　2025年3月北京第1版第1次印刷

购书咨询：010-64518888　　　　　　　售后服务：010-64518899
网　　址：http://www.cip.com.cn
凡购买本书，如有缺损质量问题，本社销售中心负责调换。

定　　价：98.00元　　　　　　　　　　　　　　　版权所有　违者必究

本书编写人员名单

主　　编：朱汉雄　李婉君

参　　编：黄冬玲　张锦威　李　甜　张小菲

　　　　　詹　晶　王政威　郭　琛　袁小帅

　　　　　张　鑫　刘　陆　刘正刚　靳国忠

　　　　　杨丽平　吕　正　王艳青　郭洞迤

2014 年 6 月 13 日，习近平总书记在中央财经领导小组第六次会议上提出"四个革命、一个合作"能源安全新战略，推动我国能源发展进入新时代。2020 年 9 月 22 日，习近平主席在第七十五届联合国大会一般性辩论上郑重宣布：中国将提高国家自主贡献力度，采取更加有力的政策和措施，二氧化碳排放力争于 2030 年前达到峰值，努力争取 2060 年前实现碳中和（以下简称"碳达峰碳中和目标"）。实现碳达峰碳中和目标，是以习近平同志为核心的党中央统筹国内国际两个大局作出的重大战略决策，是着力解决资源环境约束突出问题，实现中华民族永续发展的必然选择，是构建人类命运共同体的庄严承诺。二氧化碳排放与能源资源的种类、利用方式和利用总量直接相关。我国碳排放量大的根本原因在于能源及其相关的工业体系主要依赖化石资源。如何科学有序推进能源结构及相关工业体系从高碳向低碳 / 零碳发展，如何在保障能源安全的基础上实现"双碳"目标（即碳达峰碳中和目标），同时支撑我国高质量可持续发展，其挑战前所未有，任务异常艰巨。在此过程中，科技创新必须发挥至关重要的引领作用。

经过多年发展，我国能源科技创新取得重要阶段性进展，有力保障了能源安全，促进了产业转型升级，为"双碳"目标的实现奠定了良好基础。中国科学院作为国家战略科技力量的重要组成部分，历来重视能源领域科技和能源安全问题，先后组织实施了"未来先进核裂变能""应对气候变化的碳收支认证及相关问题""低阶煤清洁高效梯级利用""智能导钻技术装备体系与相关理论研究""变革性纳米技术聚焦""变革性洁净能源关键技术与示范"等 A 类战略性先导科技专项。从强化核能、煤炭等领域技术研究出发，逐步推动了面向能源体系变革的系统化研究部署。"双碳"问题，其本质主要还是能源的问题。要实现"碳达峰碳中和目标"，我国能源结构、生产生活方式将需要颠覆性变革，必须以新理念重新审视传统能源体系和工业生产过程，协同推进新型能源体系建设、工业低碳零碳流程再造。

"多能融合"理念与技术框架是以刘中民院士为代表的中国科学院专家经过多年研究，针对当前能源、工业体系绿色低碳转型发展需求，提出的创新理念和技术框架。"多能融合"理念与技术框架提出以来，经过不断丰富、完善，已经成为中国科学院、科技部面向"双碳"目标的技术布局的核心系统框架之一。

为让读者更加系统、全面了解"多能融合"理念与技术框架，中国科学院大连化学物理研究所组织编写了双碳目标下"多能融合"技术图解丛书，试图通过翔实的数据和直观的图示，让政府管理人员、科研机构研究人员、企业管理人员、金融机构从业人员及大学生等广大读者快速、全面把握"多能融合"的理念与技术框架，加深对双碳愿景下的能源领域科技创新发展方向的理解。

本丛书的具体编写工作由中国科学院大连化学物理研究所低碳战略研究中心承担，编写团队基于多能融合系统理念，围绕化石能源清洁高效利用与耦合替代、可再生能源多能互补与规模应用、低碳与零碳工业流程再造和低碳化智能化多能融合等四条主线，形成了一套 6 册的丛书，分别为《"多能融合"技术总论》及"多能融合"技术框架中的各关键领域，包括《化石能源清洁高效开发利用与耦合替代》《可再生能源规模应用与先进核能》《储能氢能与智能电网》《终端用能低碳转型》《二氧化碳捕集、利用及封存》。

本丛书获得了中国科学院 A 类战略性先导科技专项"变革性洁净能源关键技术与示范"等项目支持。在编写过程中，成立了编写委员会，统筹指导丛书编写工作；同时，也得到了多位国内外知名专家学者的指导与帮助，在此表达真诚的感谢。但因涉及领域众多，编写过程中难免有纰漏之处，敬请各位专家学者及广大读者批评指正。

蔡　睿

2024 年 10 月

2020 年 9 月 22 日，习近平主席在第七十五届联合国大会一般性辩论上郑重宣布：中国将提高国家自主贡献力度，采取更加有力的政策和措施，二氧化碳排放力争于 2030 年前达到峰值，努力争取 2060 年前实现碳中和。实现碳达峰、碳中和，是以习近平同志为核心的党中央统筹国内国际两个大局作出的重大战略决策，是着力解决资源环境约束突出问题、实现中华民族永续发展的必然选择，是构建人类命运共同体的庄严承诺。

二氧化碳排放与能源资源的种类、利用方式和利用总量直接相关。我国碳排放量较大的根本原因在于能源及其相关的工业体系主要依赖化石资源。中国科学院大连化学物理研究所专家认为，当前全球正处于能源革命、工业革命、技术革命和人工智能互相叠加促进的关键时期，能源体系正面临能源安全、"碳达峰碳中和"目标、生态文明建设和经济社会持续发展的多元需求，将激发新一轮的能源革命、产业变革和社会变革，必须稳定有序重构我国能源结构，推进相关工业体系从高碳向低碳化、绿色化发展，形成"清洁低碳、安全高效"的现代能源体系，才能实现"双碳"目标，同时支撑我国长远发展。挑战前所未有，任务异常艰巨，科技创新必须发挥至关重要的引领作用。中国科学院大连化学物理研究所专家基于中国科学院在能源领域的长期研究与实践，提出了"多能融合"理念与技术框架，为中国科学院和科技部等能源领域的科技布局提供指导。

本书聚焦"多能融合"理念与技术框架，共分为 8 章。第 1 章在系统梳理"双碳"目标历史背景的基础上，从必要性和紧迫性两方面分析了我国实现"双碳"目标的驱动因素，并整理了"双碳"目标提出以来的"1+N"政策体系，分析了"双碳"目标下我国不同行业、区域发展的需求。第 2 章系统提出了"多能融合"理念，介绍了"多能融合"的"四主线、四平台"技术框架。第 3 章至第 7 章分别介绍了化石能源清洁高效利用与耦合替代、可再生能源规模应用与先进核能、储能氢能与智能电网、终端能源低碳转型、二氧化碳捕集利用与封存领域等 5 条"多能融合"科技路径，12 个关键技术领域的宏观现状态势、行业发展趋势、关键技术问题和技术发展路线，以图解形式全面呈现"多能融合"理念在能源体系各领域中的展现形式。第 8 章从科技布局、区域示范、知识产权保护、全社会"双碳"共识和加强国际合作与交流等方面提出推进多能融合科技路径实施的建议。

编　者

2024 年 12 月

目 录

第4章 可再生能源规模应用与先进核能 / 78

第5章 储能、氢能与智能电网 / 102

第6章 终端能源低碳转型 / 135

图　表

第1章

绪论

1.1 "双碳"目标的由来

　　气候治理是一个全球性的问题，需要每个国家切实采取行动参与其中。全球通过国际气候谈判制定全球长期减排目标，明确每个国家的责任和义务，进而制定各自的减排目标和细则。但是由于减排对经济发展有不同程度的制约，各国国情不同，经济发展水平存在差异，利益诉求不同，在全球减排义务分担上存在诸多矛盾和分歧。自 20 世纪 90 年代以来，为了应对气候变化，世界各国已经进行了长达 30 余年的谈判，并先后达成《联合国气候变化框架公约》（以下简称《公约》）、《京都议定书》（以下简称《议定书》）及《巴黎协定》。国际气候谈判历程具体见图 1-1。

　　中国一直重视应对气候变化。自 1992 年 11 月中国加入《联合国气候变化框架公约》后，2007 年，中国在发展中国家中率先发布《中国应对气候变化国家方案》，明确到 2010 年应对气候变化的具体目标、基本原则、重点领域及政策措施。2009 年，哥本哈根会议开幕前，中国提出了 2020 年在 2005 年基础上单位国内生产总值二氧化碳排放（碳排放强度）下降 40%～45% 的减缓行动目标，从"十二五"开始，将碳排放强度降低作为约束性指标纳入国民经济和社会发展五年规划纲要并分解到地方加以落实。

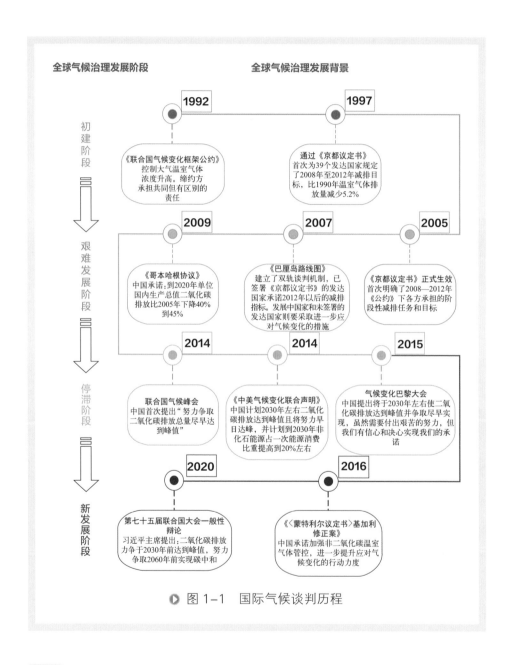

图 1-1　国际气候谈判历程

党的十八大以来，以习近平同志为核心的党中央以前所未有的力度抓生态文明建设，将应对气候变化和能源安全保障工作摆在国家治理体系中更为重要的位置。2014年6月，习近平总书记着眼新时代发展要求，在中央财经领导小组第六次会议上创造性提出"四个革命、一个合作"能源安全新战略，要求全面推动清洁低碳安全高效能源体系构建，加速能源绿色低碳转型。2014年9月中国政府首次在联合国气候峰会上提出"努力争取二氧化碳排放总量尽早达到峰值"，此后逐步明确达峰时期及实施路径，不断提高碳排放强度削减幅度，不断强化自主贡献目标，以最大努力提高应对气候变化力度。2015年6月，中国向《联合国气候变化框架公约》秘书处提交《强化应对气候变化行动——中国国家自主贡献》文件，确定了到2030年的自主贡献目标。2015年12月以来，中国积极推动《巴黎协定》签署和生效，成为《巴黎协定》落实的关键性力量。2017年，党的十九大报告指出，中国要"引导应对气候变化国际合作，成为全球生态文明建设的重要参与者、贡献者、引领者"。

2020年9月，习近平主席在第七十五届联合国大会一般性辩论上阐明，应对气候变化《巴黎协定》代表了全球绿色低碳转型的大方向，是保护地球家园需要采取的最低限度行动，各国必须迈出决定性步伐。习近平主席庄严承诺，中国将提高国家自主贡献力度，采取更加有力的政策和措施，二氧化碳排放力争于2030年前达到峰值，努力争取2060年前实现碳中和。中国应对气候变化行动和中国向国际社会作出的碳减排承诺具体见图1-2和图1-3。

我国提出碳达峰碳中和目标（以下简称"双碳"目标）后，习近平主席在多个重大国际场合，反复重申了中国的"双碳"目标，发表一系列重要讲话，表明我国应对气候变化的坚定主张，具体见图1-4。

我国为履行"双碳"目标，先后作出一系列重大战略部署（具体见图1-5）。2020年中央经济工作会议指出，要抓紧制定2030年前碳排放

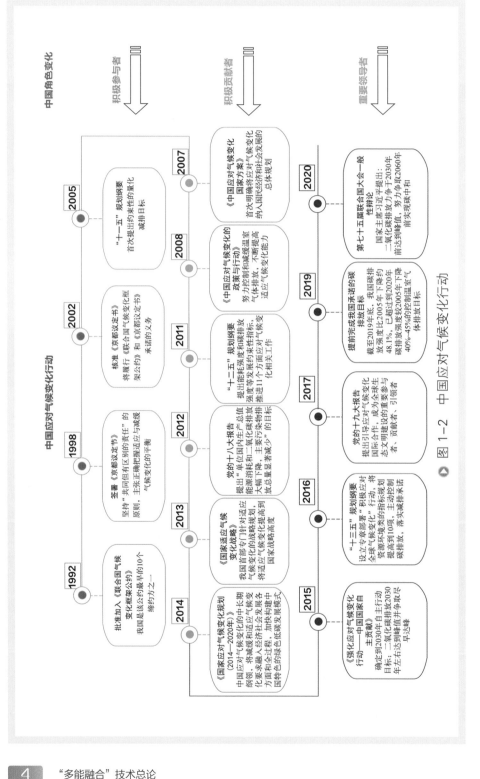

图 1-2　中国应对气候变化行动

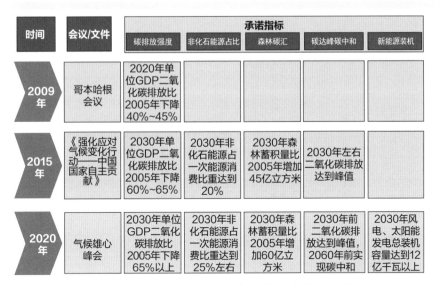

时间	会议/文件	承诺指标				
		碳排放强度	非化石能源占比	森林碳汇	碳达峰碳中和	新能源装机
2009年	哥本哈根会议	2020年单位GDP二氧化碳排放比2005年下降40%~45%				
2015年	《强化应对气候变化行动——中国国家自主贡献》	2030年单位GDP二氧化碳排放比2005年下降60%~65%	2030年非化石能源占一次能源消费比重达到20%	2030年森林蓄积量比2005年增加45亿立方米	2030年左右二氧化碳排放达到峰值	
2020年	气候雄心峰会	2030年单位GDP二氧化碳排放比2005年下降65%以上	2030年非化石能源占一次能源消费比重达到25%左右	2030年森林蓄积量比2005年增加60亿立方米	2030年前二氧化碳排放达到峰值，2060年前实现碳中和	2030年风电、太阳能发电总装机容量达到12亿千瓦以上

○ 图1-3　中国向国际社会作出的碳减排承诺

达峰行动方案，支持有条件的地方率先达峰。2021年3月在中央财经委员会第九次会议中，习近平总书记指出，"实现碳达峰、碳中和是一场广泛而深刻的经济社会系统性变革，要把碳达峰、碳中和纳入生态文明建设整体布局"。2021年，中共中央、国务院先后印发《关于完整准确全面贯彻新发展理念做好碳达峰碳中和工作的意见》《2030年前碳达峰行动方案》，对碳达峰、碳中和工作进行系统谋划和总体部署，提出总体目标，部署重大举措，明确实施路径。此后发布的《中国落实国家自主贡献成效和新目标新举措》再次明确中国"双碳"目标，并在《中国本世纪中叶长期温室气体低排放发展战略》中明确了中国长期低排放发展的基本方针和战略愿景、战略重点及政策导向、推动全球气候治理的理念与主张。2022年10月，习近平总书记在党的二十大报告中强调："积极稳妥推进碳达峰碳中和"，要"有计划分步骤实施碳达峰行动"，"深入推进能源革命"，"加快规划建设新型能源体系"，"积极参与应对气候变化全球治理"。正如中国出席《联合国气候变化框架公约》第二十七次缔约方大会（COP27）时指出的那样，中国成为全球气候治理进程的重要参与者、贡献者和引领者，发挥了重要的、积极的、建设性的作用。

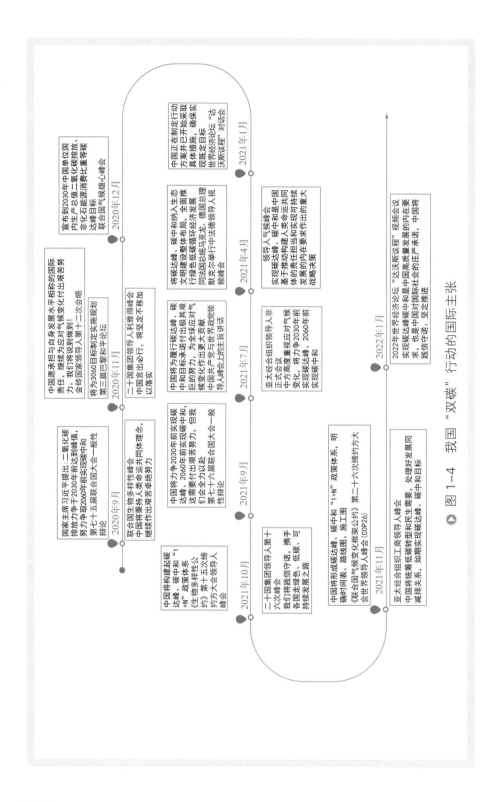

图 1-4 我国"双碳"行动的国际主张

2020年9月

国家主席习近平提出：二氧化碳排放力争于2030年前达到峰值，努力争取2060年前实现碳中和
第七十五届联合国大会一般性辩论

联合国生物多样性峰会
中国将秉持人类命运共同体理念，继续作出艰苦卓绝努力

2020年11月

中国愿承担与自身发展水平相称的国际责任，继续为应对气候变化付出艰苦努力。我们将说到做到！
金砖国家领导人第十二次会晤

将为3060目标制定实施规划
第三届巴黎和平论坛

二十国集团领导人利雅得峰会
中国言出必行，将坚定不移加以落实

2020年12月

宣布到2030年中国单位国内生产总值二氧化碳排放、非化石能源消费比重等碳达峰目标
联合国气候雄心峰会

2021年1月

中国正在制定行动方案并准备开始采取具体措施，确保实现既定目标
世界经济论坛"达沃斯议程"对话会

2021年4月

将碳达峰、碳中和纳入生态文明建设整体布局，全面推行绿色低碳循环经济发展
同法国总统马克龙、德国总理默克尔举行中法德领导人视频峰会

2021年7月

领导人气候峰会
实现碳达峰、碳中和是中国基于推动构建人类命运共同体的责任担当和实现可持续发展的内在要求作出的重大战略决策

2021年9月

中国将力争2030年前实现碳达峰、2060年前实现碳中和，这需要付出艰苦努力，但我们会全力以赴
第七十六届联合国大会一般性辩论

亚太经合组织领导人非正式会议
中方高度重视应对气候变化，将担当应对力争2030年前实现碳达峰、2060年前实现碳中和

2021年10月

中国将构建起碳达峰、碳中和"1+N"政策体系
《生物多样性公约》第十五次缔约方大会领导人峰会

二十国集团领导人第十六次峰会
我们将践信守诺，携手各国走绿色、低碳、可持续发展之路

2021年11月

中国将形成碳达峰、碳中和"1+N"政策体系，明确时间表、路线图、施工图
《联合国气候变化框架公约》第二十六次缔约方大会世界领导人峰会

亚太经合组织工商领导人峰会
中国将统筹碳达峰碳中和同经济社会发展，处理好发展同减排关系，如期实现碳达峰碳中和目标

2022年1月

2022年世界经济论坛"达沃斯议程"视频会议
实现碳达峰碳中和是中国高质量发展的内在要求，也是中国对国际社会的正严承诺，践信守诺，坚定推进

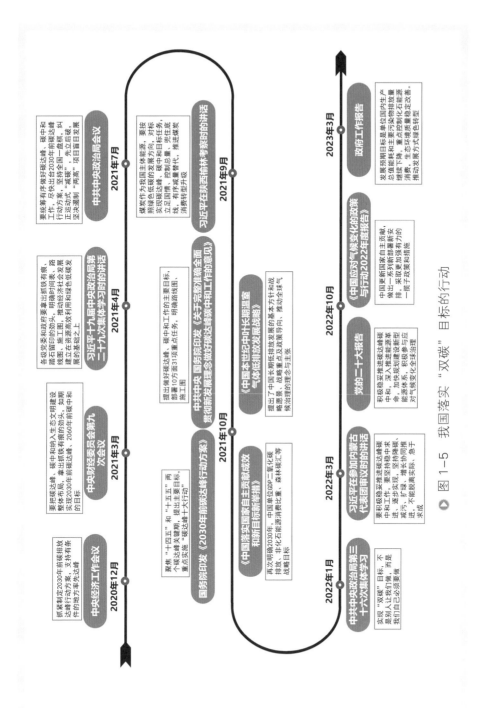

图 1-5 我国落实"双碳"目标的行动

习近平总书记多次强调，应对气候变化不是别人要我们做，而是我们自己要做，是我国可持续发展的内在要求。我国有 14 亿人口，要全面建设社会主义现代化，延续过去发达国家高耗能、高排放的老路是行不通的，必须转到绿色低碳的发展轨道上来，这是我国现代化的必由之路。

1.2.1 "双碳"目标实现的必要性

（1）能源结构的变化

我国是全球最大的能源生产国和消费国。

图 1-6 显示，我国一次能源生产量在 2005 年超过美国，成为全球能源生产最大国家，之后我国能源生产总量持续增长，到 2021 年达到 42.6 亿吨标准煤，2005 年至 2020 年间年均增速达到 3.5%，是美国一次能源生产总量的 1.3 倍。

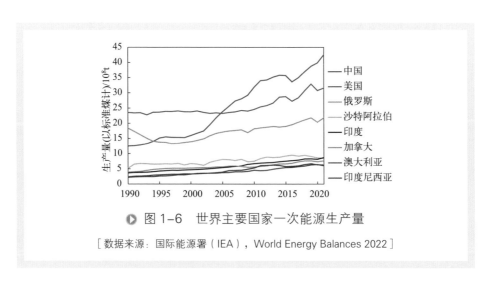

▶ 图 1-6 世界主要国家一次能源生产量

[数据来源：国际能源署（IEA），World Energy Balances 2022]

图 1-7 显示，2009 年我国超过美国成为全球最大的能源消费国。2020 年我国一次能源消费量达到 50.0 亿吨标准煤，全球占比 25.1%。主要化

石燃料中，2020 年我国的煤炭消费量位居世界第一，全球占比达到 57%。我国石油消费量仅次于美国，居世界第二，占全球消费总量的 17%。我国天然气消费量位居世界第三，低于美国和俄罗斯，全球占比 8%。

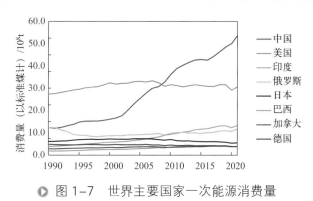

▶ 图 1-7 世界主要国家一次能源消费量

［数据来源：国际能源署（IEA），World Energy Balances 2022］

我国的能源消费结构中煤炭比例较高，导致我国单位能耗二氧化碳排放（碳排放强度）高于全球平均水平（图 1-8）。

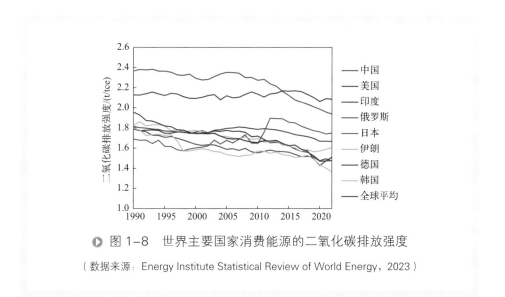

▶ 图 1-8 世界主要国家消费能源的二氧化碳排放强度

（数据来源：Energy Institute Statistical Review of World Energy，2023）

我国"富煤、贫油、少气"的能源资源禀赋和现有的能源基础设施决定了我国以化石能源，特别是以煤为主的能源结构还需持续较长一段时间。图 1-9 显示，我国化石能源资源储量中，煤炭占 92%，石油和天然气分别仅占 3% 和 5%。

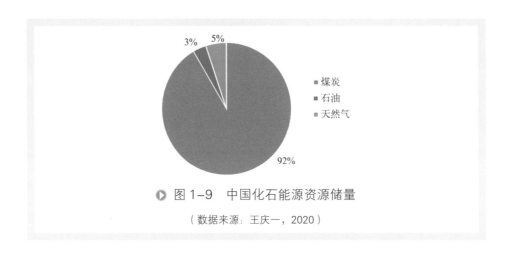

图 1-9 中国化石能源资源储量

（数据来源：王庆一，2020）

"十一五"以来，我国能源结构不断优化，煤炭消费占比大幅下降，从最高的 2007 年的 72.5% 下降到 2022 年的 56.0%，下降 16.3 个百分点；天然气消费占比持续上升，从 2001 年的 2.4% 上升到 2022 年的 8.4%，增长 6.0 个百分点；非化石能源占比大幅上升，从 2001 年的 8.4% 上升到 2022 年的 17.6%。具体见图 1-10。

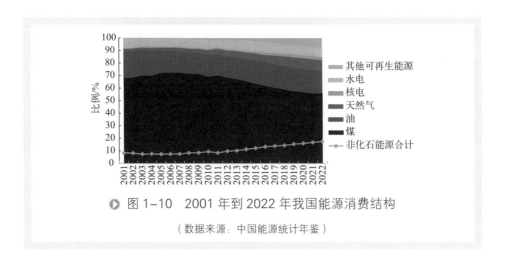

图 1-10 2001 年到 2022 年我国能源消费结构

（数据来源：中国能源统计年鉴）

近年来我国能源利用效率不断提高，万元 GDP 能源消耗持续下降（具体见图 1-11），从最高的 1.6 吨标准煤 / 万元（2004 年）下降到 2021 年的 0.48 吨标准煤 / 万元，下降 70%。

图 1-11　我国万元 GDP 能源消耗下降趋势

（数据来源：中国能源统计年鉴）

然而，我国仍面临着较大的能源安全和环境治理压力。我国是原油和天然气进口第一大国，2021 年对外依存度分别攀升到 73% 和 45%，具体见图 1-12。

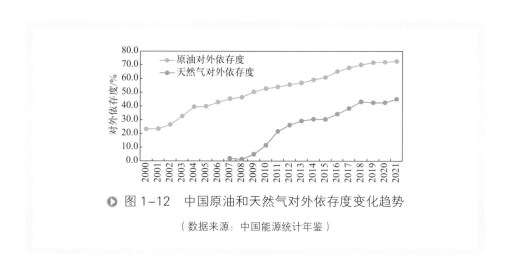

图 1-12　中国原油和天然气对外依存度变化趋势

（数据来源：中国能源统计年鉴）

在经济发展和能源消费增长还未脱钩的前提下，充足稳定的能源供应仍然是经济高质量发展的必要条件。如图 1-13 所示，随着经济高速增长和工业化的发展，我国能源消费不断增加，人均能源消费量持续攀升，2020 年达到 2.5 吨标准油每人。从发达国家的历史经验来看，当人均 GDP 达到 3 万美元以上时，人均能源消费将会迎来峰值。世界主要先进工业国中，美国、日本、德国的人均能源消费量分别在 8.1 吨标准油每人、4.1 吨标准油每人、4.4 吨标准油每人左右达到峰值，之后转为缓慢下降。目前，我国的人均能源消费量与这些发达国家的峰值及现状相比仍然较低，还具有一定的增长潜力。

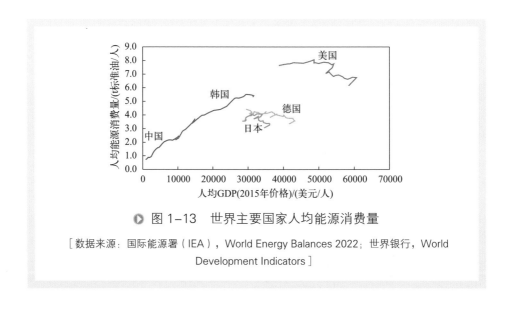

◉ 图 1-13　世界主要国家人均能源消费量

［数据来源：国际能源署（IEA），World Energy Balances 2022；世界银行，World Development Indicators］

我国必须优化能源结构，立足国内保障能源供给，加快发展非化石能源。21 世纪以来我国的能源自给率呈下降趋势。2000 年我国的能源自给率约为 99%，之后随着石油、天然气消费快速增加，油气的进口依存度大幅上升，2009 年又成为煤炭纯进口国，能源自给率到 2010 年下降至 88%，2016 年进一步降到了 79% 的历史低点。2017 年以后，随着风、光等可再生能源利用的扩大和煤炭自给率的回升，我国能源自给率的下降势头得到一定遏制，到 2020 年维持在 80% 左右，具体见图 1-14。

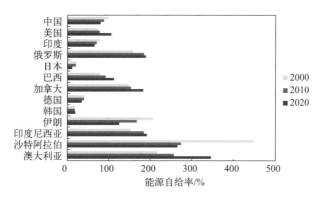

图 1–14　世界主要国家能源自给率

[数据来源：国际能源署（IEA），World Energy Balances 2022]

21 世纪以来，我国非化石能源在一次能源消费中的占比逐年增加，从 2000 年的 7.3% 上升到了 2010 年的 9.4%。2010 年以后，非化石能源发展提速，到 2020 年在一次能源消费中的比重达到了 15.9%，超额完成 15.0% 的"十三五"目标。随着"双碳"目标的提出，我国非化石能源发展将进一步加速。根据《关于完整准确全面贯彻新发展理念做好碳达峰碳中和工作的意见》，我国非化石能源消费占能源消费总量比重到 2025 年达到 20% 左右，到 2030 年提升至 25% 左右，到 2060 年达到 80% 以上，风、光、生物质等可再生能源及核能将逐渐成为新型能源体系发展的重点。具体见图 1-15。

（2）生产方式的变化

"双碳"目标的实现与我国总体工业结构密切相关。我国碳排放量较高的根本原因在于能源及其相关的工业体系主要依赖化石资源。我国电力工业及高能耗工业（钢铁、石化、水泥、有色等）占二氧化碳总排放量的 80% 左右，是需要重点关注的行业（具体见图 1-16）。

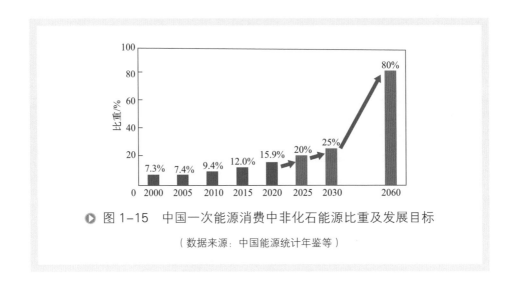

图 1-15 中国一次能源消费中非化石能源比重及发展目标

（数据来源：中国能源统计年鉴等）

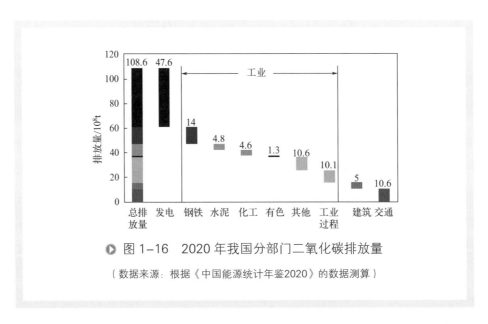

图 1-16 2020 年我国分部门二氧化碳排放量

（数据来源：根据《中国能源统计年鉴 2020》的数据测算）

如图 1-17 所示，近年来，我国产业结构不断优化，服务业在 GDP 中的占比持续增加，"十二五"期间超过工业，成为国民经济中的第一大产业，2020 年占比达到 54%。与此同时，随着工业化日益成熟，工业 GDP 占比呈下降趋势，从 2010 年的 47% 下降到了 2020 年的 38%。农业 GDP 占比持续降低，2020 年约为 8%。服务业在主要发达国家 GDP

中的占比一般达到 70% ~ 80%，相比之下，我国的服务业占比仍较低，随着现代化经济体系的构建，服务业 GDP 占比有望进一步增加。

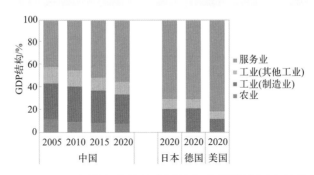

▶ 图 1-17　中国产业结构变迁及与主要发达国家的比较

（数据来源：世界银行，World Development Indicators）

能源革命与工业革命的历史表明，二者历来交互发展、共同作用促进社会经济结构变革（具体见图 1-18）。我国的能源革命已经拉开序幕，在"双碳"目标的牵引下，能源革命必然会促进我国工业革命迅速开展。推动产业结构优化升级，促进传统高耗能行业绿色低碳转型，大力发展绿色低碳产业是推动经济高质量发展的需要。

（3）生活方式的变化

党的十九大报告指出，"形成绿色发展方式和生活方式，坚定走生产发展、生活富裕、生态良好的文明发展道路"。2018 年 5 月，习近平总书记在全国生态环境保护大会上明确要求，到本世纪中叶，绿色发展方式和生活方式全面形成，人与自然和谐共生，生态环境领域国家治理体系和治理能力现代化全面实现，建成美丽中国。2020 年我国人均生活用能为 0.26 吨标准油每人，远低于欧美主要国家 0.7 ~ 0.9 吨标准油每人的水平，也低于日本（0.35 吨标准油每人）和韩国（0.40 吨标准油每人），其中，人均生活用电不到主要发达国家现状的一半。生活用能中的电力比例约为 27%，低于美、日等发达国家（50% 左右）。今后，随着人民生活水平进一

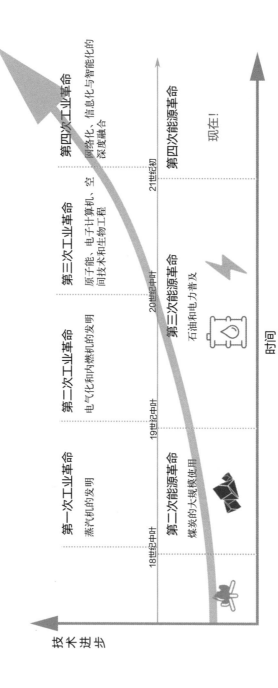

第一次工业革命
蒸汽机的发明

第二次工业革命
电气化和内燃机的发明

第三次工业革命
原子能、电子计算机、空间技术和生物工程

第四次工业革命
网络化、信息化与智能化的深度融合

18世纪中叶　19世纪中叶　20世纪中叶　21世纪初

第二次能源革命
煤炭的大规模使用

第三次能源革命
石油和电力普及

第四次能源革命
现在!

技术进步

时间

◎ 图1-18　能源革命与工业革命发展趋势

步提高，我国生活用能将保持较快增长，在"双碳"目标的驱动下，生活用能的电力占比也会持续上升。具体见图1-19。

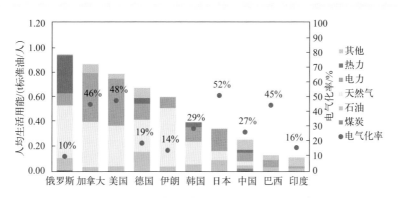

图1-19　世界主要国家人均生活用能及电气化率（2020年）

［数据来源：国际能源署（IEA），World Energy Balances 2022］

1.2.2　"双碳"目标实现的紧迫性

（1）时间紧

中国承诺实现从碳达峰到碳中和的时间远远短于发达国家所用时间，具体见图1-20。世界主要发达国家和地区都已经实现了碳达峰，欧盟早在1979年就已实现碳达峰，美国在2007年前后，日本则是在2013年。这些国家和地区要实现2050年碳中和的目标，有40～70年的时间。而我国要用30年左右的时间由碳达峰实现碳中和，完成全球最高碳排放降幅，需要付出十分艰苦的努力。

（2）任务重

我国仍处于工业化发展进程的中后期，伴随着经济快速发展，城镇化水平提高，人民群众生活水平不断改善，能源消费还将继续增长。据中国科学院碳中和研究项目组估算，为满足经济社会发展，我国能源消费总量峰值将在2030—2040年之间达到，为60亿～64亿吨标准煤（具体

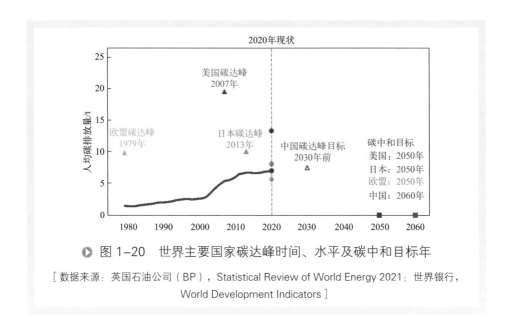

图 1-20　世界主要国家碳达峰时间、水平及碳中和目标年

[数据来源：英国石油公司（BP），Statistical Review of World Energy 2021；世界银行，World Development Indicators]

见图 1-21）。即使实现非化石能源大规模发展，届时我国油气对外依存度仍然会维持相对高位。中国作为拥有 14 亿人口的制造业大国，必须发展实体经济，保障产业链安全。实现中华民族伟大复兴，"能源的饭碗必须端在自己手里"。

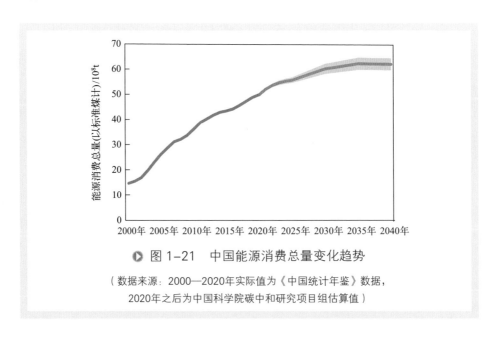

图 1-21　中国能源消费总量变化趋势

（数据来源：2000—2020 年实际值为《中国统计年鉴》数据，2020 年之后为中国科学院碳中和研究项目组估算值）

（3）国际竞争加剧

从某种程度上说，气候变化问题是另一种更为严重的全球危机。气候变化问题作为有全球影响的重要问题，对其的态度与治理成为国际政治角力的重要议题。中国作为全球最大的发展中国家，必须积极参与并引领全球气候治理，塑造和维护负责任大国形象。

此外，应对气候变化问题逐渐从政治领域的竞争议题转向经济贸易的全方位竞争议题。2021年7月，欧盟委员会向欧洲议会和欧盟理事会提交了设立碳边境调节机制（俗称"碳关税"，CBAM）的立法议案（具体见表1-1）。《欧盟碳边境调节机制法案》（CBAM法案）于2023年5月16日正式通过，从2023年10月1日起开始实施，进入一个过渡期，直至2025年12月31日。在过渡期间，企业需要履行报告义务，提交进口产品隐含的碳排放数据，但不需要为此缴纳费用。从2026年1月1日起，企业不仅要报告进口产品的碳排放数据，还要支付相应的碳排放费用。CBAM的实施将与欧盟碳交易市场中免费配额逐步取消的速度保持一致，目前覆盖范围包括钢铁、铝、水泥、化肥、氢气、电力等6大门类的多种产品，主要关注直接排放。欧盟碳关税政策将对温室气体排放量高的企业带来重大挑战。波士顿咨询公司提出碳关税对行业利润的侵蚀影响可高达40%，而且整个产业链上的企业都将受到成本增加带来的影响，从而重塑产品竞争力格局。中国作为世界第一大货物贸易出口国，将面临巨大挑战。

表1-1　不同关键时间节点《欧盟碳边境调节机制法案》的变化

时间节点	过渡期安排	覆盖产品范围	排放类别	免费配额	扩容计划
2021年7月，欧盟委员会提交了CBAM立法草案	2023年—2025年为过渡期；2026年开始正式征收	水泥、电力、钢铁、铝和化肥	直接排放	免费配额逐渐减少，2035年免费配额完全取消	2025年底之前，收集相关信息作出研判

时间节点	过渡期安排	覆盖产品范围	排放类别	免费配额	扩容计划
2022年6月，欧洲议会表决通过CBAM"一读"文本	2023年—2026年为过渡期；2027年开始正式征收	水泥、电力、钢铁、铝、化肥、有机化学品、氢、氨、塑料	直接排放+间接排放	免费配额逐渐减少，2032年免费配额完全取消	2025年底之前纳入覆盖范围的下游产品；2030年前覆盖纳入欧盟碳市场的所有行业
2022年12月，欧洲议会和欧盟理事会达成临时协议	2023年10月—2025年为过渡期；2026年开始正式征收	水泥、电力、钢铁、铝、化肥、氢，以及某些前体或下游产品	直接排放+某些特定条件下的间接排放	免费配额逐渐减少，2034年免费配额完全取消	未提及
2023年2月，欧洲议会环境、公共卫生和食品安全委员会投票通过CBAM最新法案	2023年10月—2025年为过渡期；2026年开始正式征收	水泥、电力、钢铁、铝、化肥、氢	过渡期：直接排放（钢铁、铝、氢）+间接排放（电力、水泥、化肥）	免费配额逐渐减少，2034年免费配额完全取消	未提及
后续立法程序	欧洲议会全体会议通过、欧盟理事会通过				

资料来源：根据欧盟委员会、欧洲议会网站资料整理。

（4）科技创新不足

科技创新是支撑"双碳"目标实现的根本动力。经过多年发展，我国能源科技创新取得重要阶段性进展，有力保障了能源安全，促进了产业转型升级，为碳达峰目标的实现奠定了坚实基础。但是，碳中和目标下的能源结构、生产生活方式都将发生颠覆性变革，现有技术体系还难以支撑碳中和目标的实现（具体见图1-22）。要实现碳中和目标，不仅需要突破各领域众多关键技术，更需要破除各能源种类及各能源相关行业之间的壁垒，跨领域突破多能融合互补及相关重点行业工业流程再造的关键瓶颈及核心技术。跨领域系统化布局有巨大的创新空间，而且将带来巨大的总体节能减排效果。这也是我国新型能源体系构建和相关产业转型升级的重点方向和难点。

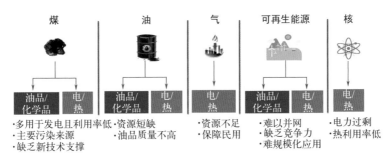

图 1-22　我国能源体系面临的科技问题

1.3　碳达峰碳中和"1+N"政策体系

实现碳达峰碳中和既是应对气候变化、加强气候治理的需要，也是我国新时代实现高质量发展的需要，将带来一场广泛而深刻的经济社会系统性变革。自"双碳"目标提出以来，我国将碳达峰碳中和作为国家战略融入生态文明建设整体布局和经济社会发展全局，以系统观念加强统筹部署，构建"1+N"政策体系（具体见图 1-23）。2021 年，中共中央、国务院印发《关于完整准确全面贯彻新发展理念做好碳达峰碳中和工作的意见》（以下简称《意见》），国务院印发《2030 年前碳达峰行动方案》（以下简称《方案》），二者构成双碳"1+N"政策体系的"1"，是实现"双碳"目标的指导思想和顶层设计。"N"是碳达峰碳中和涉及的重点领域、重点行业实施方案及相关支撑保障等一系列政策，包括能源、工业、交通运输、城乡建设等重点领域实施方案，煤炭、石油、天然气、钢铁、有色金属、石化化工、建材等重点行业实施方案，以及科技支撑、财政支持、统计核算等支撑保障方案。一系列政策构建起目标明确、分工合理、措施有力、衔接有序的碳达峰碳中和"1+N"政策体系，为实现"双碳"目标形成共同推进的良好格局。

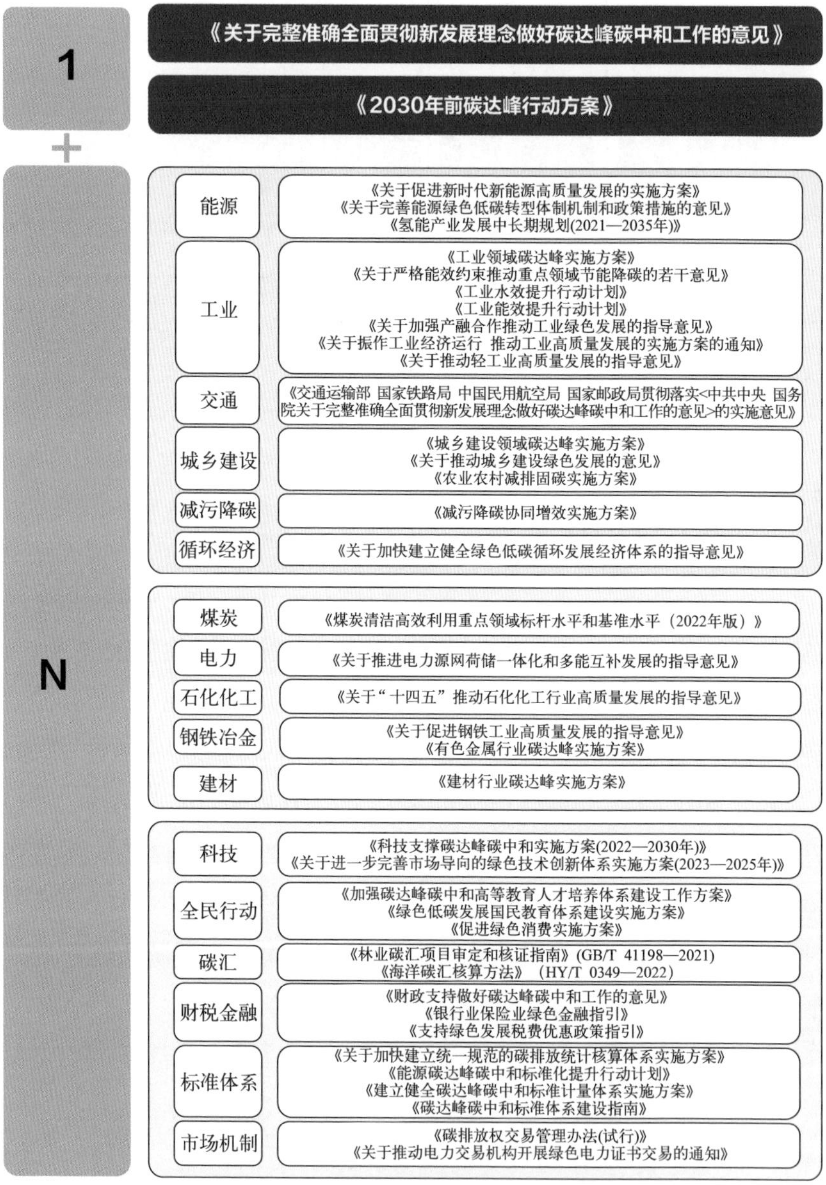

1	《关于完整准确全面贯彻新发展理念做好碳达峰碳中和工作的意见》
	《2030年前碳达峰行动方案》

N	能源	《关于促进新时代新能源高质量发展的实施方案》 《关于完善能源绿色低碳转型体制机制和政策措施的意见》 《氢能产业发展中长期规划(2021—2035年)》
	工业	《工业领域碳达峰实施方案》 《关于严格能效约束推动重点领域节能降碳的若干意见》 《工业水效提升行动计划》 《工业能效提升行动计划》 《关于加强产融合作推动工业绿色发展的指导意见》 《关于振作工业经济运行 推动工业高质量发展的实施方案的通知》 《关于推动轻工业高质量发展的指导意见》
	交通	《交通运输部 国家铁路局 中国民用航空局 国家邮政局贯彻落实<中共中央 国务院关于完整准确全面贯彻新发展理念做好碳达峰碳中和工作的意见>的实施意见》
	城乡建设	《城乡建设领域碳达峰实施方案》 《关于推动城乡建设绿色发展的意见》 《农业农村减排固碳实施方案》
	减污降碳	《减污降碳协同增效实施方案》
	循环经济	《关于加快建立健全绿色低碳循环发展经济体系的指导意见》

	煤炭	《煤炭清洁高效利用重点领域标杆水平和基准水平（2022年版）》
	电力	《关于推进电力源网荷储一体化和多能互补发展的指导意见》
	石化化工	《关于"十四五"推动石化化工行业高质量发展的指导意见》
	钢铁冶金	《关于促进钢铁工业高质量发展的指导意见》 《有色金属行业碳达峰实施方案》
	建材	《建材行业碳达峰实施方案》

	科技	《科技支撑碳达峰碳中和实施方案(2022—2030年)》 《关于进一步完善市场导向的绿色技术创新体系实施方案(2023—2025年)》
	全民行动	《加强碳达峰碳中和高等教育人才培养体系建设工作方案》 《绿色低碳发展国民教育体系建设实施方案》 《促进绿色消费实施方案》
	碳汇	《林业碳汇项目审定和核证指南》(GB/T 41198—2021) 《海洋碳汇核算方法》（HY/T 0349—2022）
	财税金融	《财政支持做好碳达峰碳中和工作的意见》 《银行业保险业绿色金融指引》 《支持绿色发展税费优惠政策指引》
	标准体系	《关于加快建立统一规范的碳排放统计核算体系实施方案》 《能源碳达峰碳中和标准化提升行动计划》 《建立健全碳达峰碳中和标准计量体系实施方案》 《碳达峰碳中和标准体系建设指南》
	市场机制	《碳排放权交易管理办法(试行)》 《关于推动电力交易机构开展绿色电力证书交易的通知》

▶ 图1-23 碳达峰碳中和"1+N"政策体系示意图

（数据来源：中国政府网、国家各部委官方网站，截至2023年5月30日）

1.3.1 国家"双碳"目标与时间表

实现碳达峰碳中和是一项系统性工程，涉及经济社会发展的方方面面。《意见》作为碳达峰碳中和"1+N"政策体系中的统领性文件，提出10方面31项重点任务，贯穿碳达峰、碳中和两个阶段，明确提出到2025年、2030年、2060年三个阶段碳达峰碳中和工作的时间表、路线图、施工图。《方案》聚焦"十四五"和"十五五"两个碳达峰关键期，重点部署实施"碳达峰十大行动"描绘行动路线图，提出碳达峰分步骤的时间表、路线图，确保如期实现2030年前碳达峰目标。具体见图1-24和图1-25。

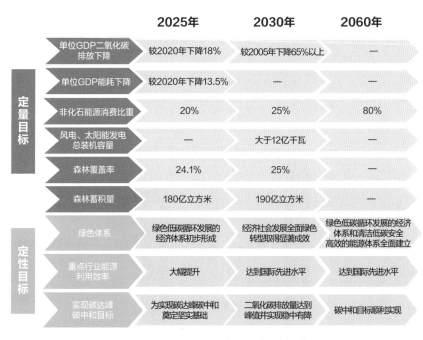

图 1-24 "双碳"目标时间表

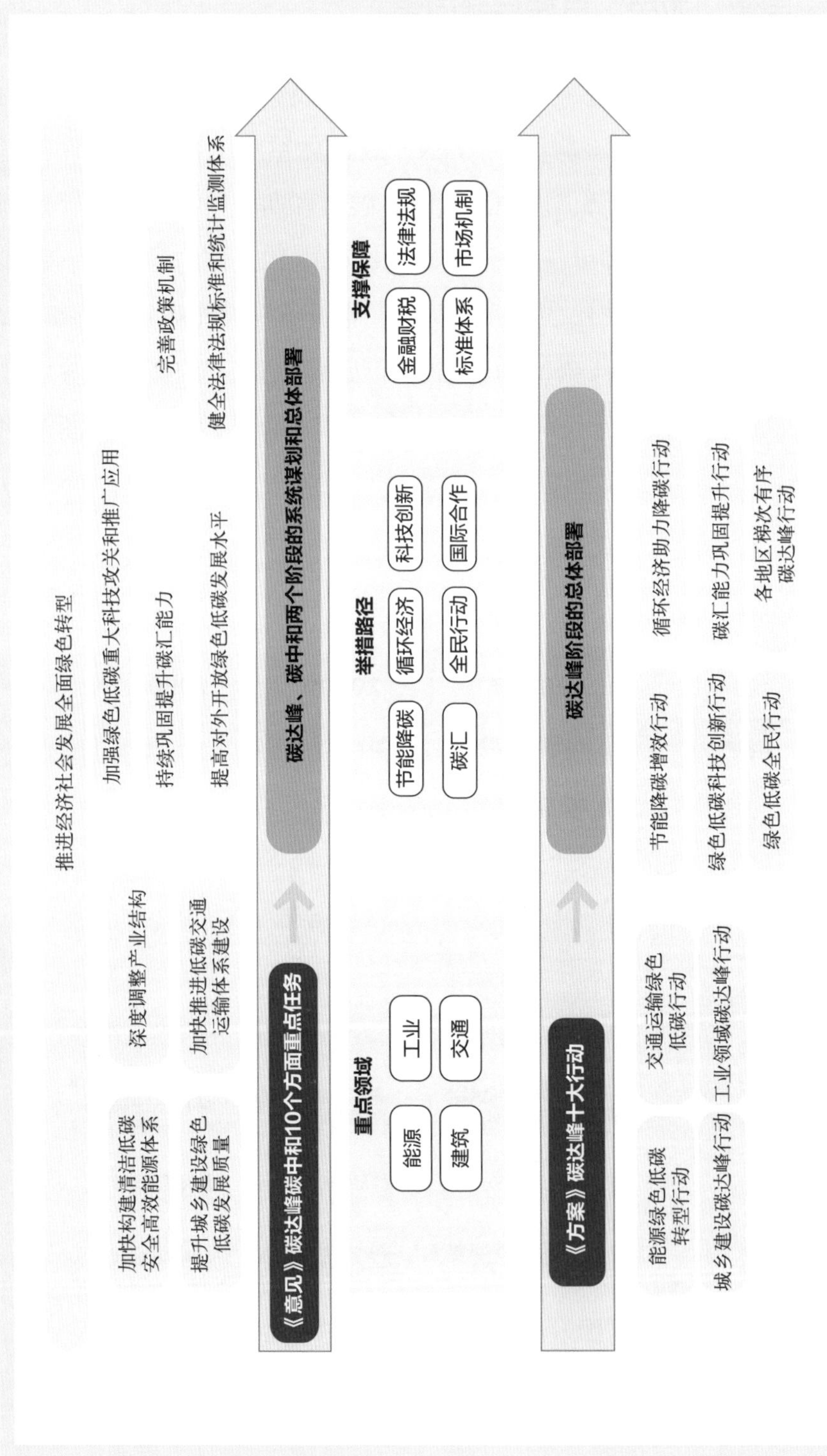

推进经济社会发展全面绿色转型

加快构建清洁低碳
安全高效能源体系

深度调整产业结构

提升城乡建设绿色
低碳发展质量

加强绿色低碳重大科技攻关和推广应用

持续巩固提升碳汇能力

加快推进低碳交通
运输体系建设

提高对外开放绿色低碳发展水平

健全法律法规标准和统计监测体系

完善政策机制

《意见》碳达峰碳中和10个方面重点任务

碳达峰、碳中和两个阶段的系统谋划和总体部署

重点领域

| 能源 | 工业 |
| 建筑 | 交通 |

举措路径

| 节能降碳 | 循环经济 | 科技创新 |
| 碳汇 | 全民行动 | 国际合作 |

支撑保障

| 金融财税 | 法律法规 |
| 标准体系 | 市场机制 |

《方案》碳达峰十大行动

碳达峰阶段的总体部署

能源绿色低碳
转型行动

交通运输绿色
低碳行动

节能降碳增效行动

循环经济助力降碳行动

城乡建设碳达峰行动

工业领域碳达峰行动

绿色低碳科技创新行动

碳汇能力巩固提升行动

绿色低碳全民行动

各地区梯次有序
碳达峰行动

◆ 图1-25 《意见》重点任务与《方案》十大行动

1.3.2 各省份"双碳"政策体系落实情况

根据《关于完整准确全面贯彻新发展理念做好碳达峰碳中和工作的意见》和《2030 年前碳达峰行动方案》的部署要求，各个省份积极贯彻落实碳达峰碳中和指导意见，制定省级"双碳"顶层文件、分领域碳达峰行动计划及实施方案。截至 2023 年 5 月 30 日，全国 28 个省份颁布了区域"双碳 1+N"政策体系顶层文件（湖北、新疆和西藏未公布），其中 22 个省份由中共省委、省政府印发了《关于完整准确全面贯彻新发展理念做好碳达峰碳中和工作的实施意见》，统筹部署做好碳达峰碳中和工作的重点任务和时间表、路线图，25 个省政府印发省级碳达峰实施方案，聚焦 2030 年前实现碳达峰目标，提出到 2025 年和 2030 年实现碳达峰目标的时间表和任务路线，在具体措施和任务上，各省份行动方案基本与国家方案一致，部署包括总体目标、清洁能源、产业结构、交通运输、城乡建设、生态碳汇及配套措施等方面内容，有序衔接国家"双碳 1+N"政策体系规划，稳步推进落实碳达峰目标，确保如期实现 2030 年前碳达峰目标。具体见图 1-26。

在落实碳达峰碳中和工作中，各省积极研究制定落实举措，细化任务措施，形成具有地方特色的"双碳"政策环境。如天津市人大常委会审议通过《天津市碳达峰碳中和促进条例》，这是全国首部以促进实现碳达峰、碳中和目标为立法主旨的省级地方性法规。江西省人民代表大会常务委员会《关于支持和保障碳达峰碳中和工作　促进江西绿色转型发展的决定》是全国首个省级人大常委会围绕支持和保障"双碳"工作作出的决定。江苏省人民代表大会常务委员会《关于推进碳达峰碳中和的决定》是首个省人大作出的推进碳达峰碳中和的决定。《浙江省碳达峰碳中和科技创新行动方案》是国内首个省级碳达峰碳中和科技创新行动方案。浙江省财政厅《关于支持碳达峰碳中和工作的实施意见》是全国首个省级财政支持碳达峰碳中和的政策。《黑龙江省生态系统增汇规划

26

"多能融合" 技术总论

序号	省份名称	1 意见*	方案*	能源	工业	城乡建设 农业农村	城乡建设 建筑、建材	交通	减污节能降碳	循环经济	科技	N 碳汇	保障措施 财税、金融保险	保障措施 公共行动、碳普惠	保障措施 园区、基础设施、示范	保障措施 标准计量	碳排放权、碳市场	法律法规
1	北京市		•	•	•		•	•			•				•			
2	上海市	•	•	•	•			•							•			•
3	天津市		•	•	•			•					•		•			•
4	内蒙古自治区	•	•	•	•	•	•	•										
5	辽宁省		•	•	•			•										
6	吉林省		•	•	•													
7	黑龙江省		•	•	•	•	•					•				•	•	
8	山东省		•	•	•			•								•	•	
9	山西省		•	•	•	•	•											•
10	江苏省		•	•	•										•			•
11	浙江省		•	•	•			•							•			•
12	江西省		•	•	•		•											•
13	陕西省		•	•	•			•										
14	河南省	•	•	•	•			•										
15	河北省		•	•	•			•										
16	湖南省		•	•	•		•											
17	湖北省		•	•	•													
18	安徽省	•	•	•	•		•											
19	广东省		•	•	•			•										
20	广西壮族自治区	•	•	•	•			•							•			
21	重庆市	•	•	•	•			•										
22	四川省	•	•	•	•			•									•	
23	云南省		•	•	•													
24	贵州省		•	•	•		•											
25	福建省	•	•	•	•			•							•			
26	甘肃省		•	•	•			•										
27	宁夏回族自治区	•	•	•	•			•							•			
28	青海省	•	•	•	•			•										
29	海南省	•	•	•	•													
30	新疆维吾尔自治区		•	•	•		•								•			
31	西藏自治区																	

*意见：各省省委、省政府《关于完整准确全面贯彻新发展理念做好碳达峰碳中和工作的实施意见》
*方案：各省级碳达峰实施方案

▶ 图1-26　各省份碳达峰碳中和"1+N"政策体系落实情况

（数据来源：各省政府、发改委、工信厅、能源局、科技厅等官方网站及北大法宝检索平台，截至2023年5月）

（2021—2030 年）》是全国首部关于生态系统增加碳汇能力的规划。《四川省积极有序推广和规范碳中和方案》是全国首个社会活动层面上的碳中和省级推广方案。各省分别发布多个领域碳达峰行动方案，构建完善"1+N"政策体系，推进落实国家碳达峰碳中和战略目标。

各省积极贯彻落实碳达峰碳中和"1+N"政策体系的重点任务，积极提出 2025 年、2030 年碳达峰量化指标，部署实现碳达峰碳中和的定性目标，分解落实、有序推进"双碳"目标任务。

《2030 年前碳达峰行动方案》提到，各地区要准确把握自身发展定位，结合本地区经济社会发展实际和资源环境禀赋，坚持分类施策、因地制宜、上下联动，梯次有序推进碳达峰。我国各省份在推进落实碳达峰方案举措中，分别提出"非化石能源消费比重""单位 GDP 能耗下降"和"单位 GDP 二氧化碳排放下降"等目标。

非化石能源消费比重目标方面，不同地区实现碳达峰的资源条件和发展基础各不相同，能源结构调整的区域性差异较大，因此非化石能源消费比重规划目标也有所不同。青海省提出到 2025 年非化石能源消费比重达到 52.2%，是唯一非化石能源消费占比过半的省份；而云南、四川分别预期于 2025 年实现超过 40% 的可再生能源消费占比。青海省、海南省明确到 2030 年非化石能源消费比重力争提高至 55% 和 54% 的预期目标，比国家设定的 25% 的目标分别高出 30 和 29 个百分点；四川省也提出到 2030 年达到 43.5% 的较高预期目标比例。除上海、湖北、贵州与国家规划的两个时间目标保持一致外，一些省份提出了相对较低比例的非化石能源消费比重目标，如辽宁、吉林、山东、陕西、宁夏等省（区、市）提出到 2030 年，非化石能源消费比重为 20%，低于国家规划的 25% 的非化石能源消费占比目标，其他省份如天津、河北、山西规划的该项目标比例则更低。各省份 2025 年、2030 年非化石能源消费比重具体见图 1-27。

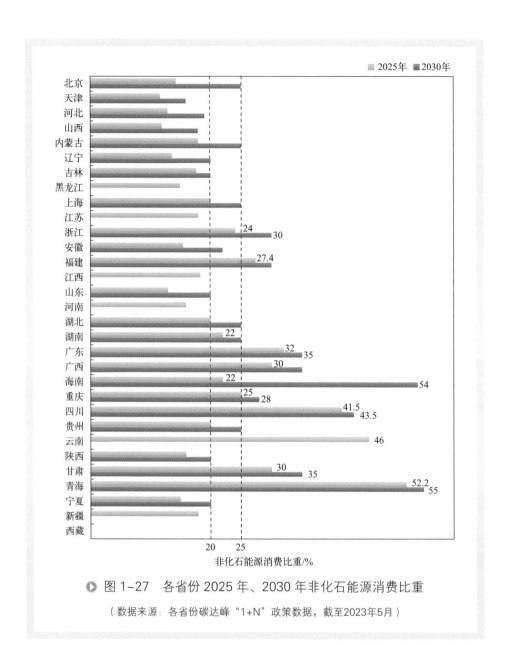

图 1-27　各省份 2025 年、2030 年非化石能源消费比重

（数据来源：各省份碳达峰 "1+N" 政策数据，截至2023年5月）

单位 GDP 能耗下降目标方面，大部分省份规划能耗降低目标相对保守，以完成国家下达指标为任务目标，仅有 10 个省份规划的单位 GDP 能耗下降目标超过国家目标，宁夏回族自治区规划到 2025 年单位 GDP 能耗比 2020 年下降 15%，是省级碳达峰规划目标的上限。西部地区中，

云南、甘肃、青海规划的单位 GDP 能耗下降比例均低于国家目标要求。国家层面尚未对 2030 年提出该项目标的具体量化约束指标，各省也未提出到 2030 年的具体预期目标。各省份 2025 年单位 GDP 能耗下降指标具体见图 1-28。

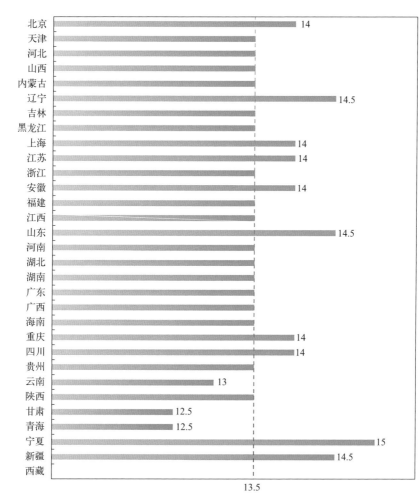

到2025年单位GDP能耗比2020年下降比例/%

● 图 1–28　各省份 2025 年单位 GDP 能耗下降指标

（数据来源：各省份碳达峰"1+N"政策数据，截至2023年5月）

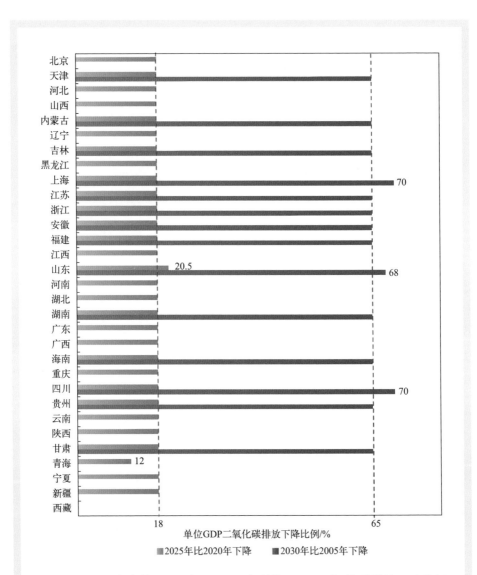

● 图 1-29 各省份 2025 年、2030 年单位 GDP 二氧化碳排放下降指标

（数据来源：各省份碳达峰"1+N"政策数据，截至2023年5月）

单位 GDP 二氧化碳排放下降目标方面，多数省份以完成国家下达任务为目标，仅山东省规划了 2025 年单位 GDP 二氧化碳排放下降比例高于国家目标 2.5 个百分点，青海省是唯一一个下降目标低于国家目标的省份。国家尚未提出到 2030 年单位 GDP 二氧化碳排放下降比例的具体量化目标，但有 14 个省份规划了单位 GDP 二氧化碳排放下降 65% 及以上的目标，特别是上海和四川两地提出到 2030 年单位 GDP 二氧化碳排放比 2005 年下降 70% 的目标，山东也提出 68% 的下降目标，上述三省（市）的约束指标预期值远高于其他省份。各省份 2025 年、2030 年单位 GDP 二氧化碳排放下降指标具体见图 1-29。

第2章

多能融合理念与技术框架

　　理念是行动的先导。"双碳"目标的实现必须依靠变革性的理念引领。中国科学院面向国家发展清洁低碳安全高效能源体系建设要求，基于能源领域长期研究基础，提出通过技术创新实现多种能源之间互补融合的"多能融合"理念，布局了一批多能融合技术的研发与示范项目，为科技支撑国家"双碳"目标的实现进行了先行探索。

2.1　多能融合理念的内涵

　　能源、材料和信息是现代社会发展的三大支柱。多能融合是指综合考虑能源资源在加工利用过程中的能源属性和物质（原料 / 材料）属性，通过新技术、新模式破除各能源种类之间条块分割、互相独立的技术和体制壁垒，促进化石能源与非化石能源之间、各能源子系统之间、各能源资源加工利用过程之间的能量流、物质流和信息流的集成融合，实现能源资源利用的能量效率、物质效率、环境效益、生态效益、经济效益和社会效益等多目标的优化。

多能融合技术是实现多能融合理念的根本。多能融合技术是指在能源资源加工利用过程中涉及的原料、产品、反应过程、工程过程、系统集成等多层次、多尺度范畴中能充分利用各种能源的相对优势，对冲消除各类能源劣势，实现能源与物质的跨系统、能源系统内跨类型的融合，达到提升能源资源综合利用效率、缓解能源和原料（材料）供需矛盾、降低能源利用的环境影响等多目标优化要求的先进技术。

2.2 多能融合技术体系

基于多能融合理念，根据能源系统特征，我们提出适合我国国情的多能融合技术的"四主线、四平台"体系（具体见图 2-1）。四主线是非化石能源多能互补与规模应用（能源结构）、化石能源清洁高效利用与耦合替代（能源安全）、工业低碳零碳流程再造（工业变革）、数字化智能化集成优化（系统优化）；四平台是合成气/甲醇平台、储能平台、氢能平台、二氧化碳平台。"四主线、四平台"构成多能融合技术体系的四梁八柱，为"双碳"目标下我国能源技术的系统研发提供引导。

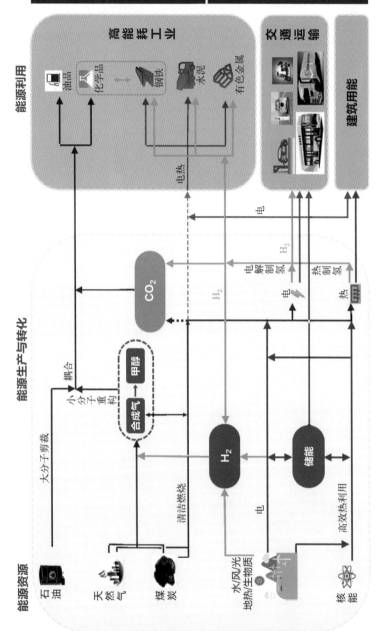

△ 图 2-1 "多能融合"技术的"四主线、四平台"体系

第3章

化石能源清洁高效利用与耦合替代

　　"双碳"转型应以保障国家能源安全为底线，必须首先用好化石资源特别是煤炭资源，坚持清洁高效利用道路，发挥好煤炭的压舱石作用。

　　煤炭清洁高效利用主要包括煤炭清洁高效燃烧和煤炭清洁高效转化两方面。煤炭燃烧方面，我国燃煤发电的能效指标、污染物排放指标均已进入世界先进行列，但工业领域煤炭清洁高效燃烧利用的科技支撑仍显不足。煤炭转化方面，我国以现代煤化工为代表的转化技术与产业化均走在了世界前列，攻克了煤气化、煤制油、煤制烯烃等一大批技术和工程难题，但仍需通过发展前瞻性和变革性技术，提高煤、水资源利用效率，实现二氧化碳的高效转化利用，以解决煤化工长期以来面临的高能耗、高水耗、高碳排放的难题。

　　2021年9月，习近平总书记考察榆林时指出，"煤化工产业潜力巨大、大有前途，要提高煤炭作为化工原料的综合利用效能，促进煤化工产业高端化、多元化、低碳化发展，把加强科技创新作为最紧迫任务，加快关键核心技术攻关，积极发展煤基特种燃料、煤基生物可降解材料等"，明确了现代煤化工发展的定位和方向。

　　现代煤化工的快速发展，使得煤经合成气/甲醇生产多种清洁燃料和基础化工原料成为可能，这也给石油化工和煤化工协调发展带来了新的机遇。采用创新技术大力发展现代煤化工产业，既可以保障石化产业安全，促进石化原料多元化，还可以形成煤化工与石油化工产业互补、协调发展的新格局。以石脑油和甲醇反应生产烯烃为例，石脑油是原油加工重要产品，甲醇是煤化工重要产品，二者都是烯烃生产的重要原料，有着相同的生产目标。在现有生产技术下，石脑油制烯烃和甲醇制烯烃是完全不同的生产路线。但从生产过程来看，石脑油制烯烃是强吸热反应，甲醇制烯烃是强放热反应，且反应条件和催化剂类似，存在反应过程耦合的可能。基于此原理，中国科学院大连化学物理研究所创造性地将石脑油原料和甲醇原料耦合起来制取烯烃，利用反应过程中的吸热 - 放热平衡，提高了整个系统的能效和碳原子利用率。相比传统技术路线，吨烯烃产品能耗降低 1/3 ～ 1/2，石脑油利用率提高 10%。

3.1 石油、天然气领域

3.1.1 宏观现状态势

石油化工是 20 世纪 20 年代兴起的以石油为原料的化学工业，起源于美国。初期依附于石油炼制工业，后来逐步形成一个独立的工业体系。

根据 2021 年各国更新的储量数据，全球石油储量为 2362.3 亿吨，同比下降 0.2%；天然气储量为 205.3 万亿立方米，下降 0.5%。全球多数国家油气储量明显下调，主要油气生产国中仅四国储量明显增长。阿拉伯联合酋长国因在阿布扎比的重大油气发现，石油储量增长 9.4%，天然气储量大增 27%；中国油气储量分别增加 1.8% 和 5.2%；加拿大天然气储量增加 13.8%；墨西哥油气储量同比增长 3.6% 和 8.2%。世界石油分区产量图见图 3-1。

根据美国《BP 世界能源统计年鉴》的统计，2021 年全球石油产量

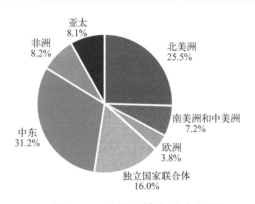

图 3-1 世界石油分区产量图

约 42.21 亿吨，同比增长 1.5%，主要集中在中东和北美地区。主要资源国石油产量基本稳定。尽管油价在 2021 年大幅回升，主要产油国中，美国油气生产活动仍未恢复至 2019 年前水平，石油产量约为 7.11 亿吨，与 2020 年基本持平，仍是全球第一大产油国。世界主要产油国石油产量情况见图 3-2。

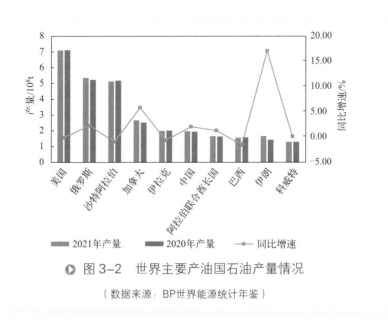

图 3-2 世界主要产油国石油产量情况

（数据来源：BP世界能源统计年鉴）

2021 年全球石油需求显著回暖，油企业绩明显增长，全球石油需求比上一年同比增长 6%，但仍然未能回归至 2019 年前的水平。世界主要国家原油石油消费情况见图 3-3。

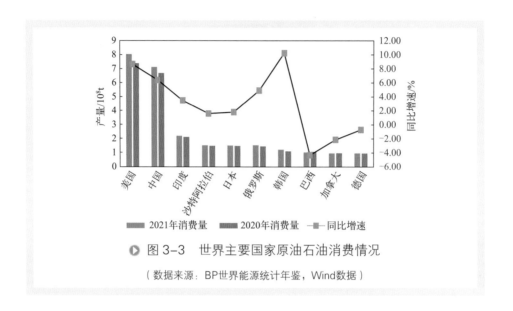

图 3-3　世界主要国家原油石油消费情况

（数据来源：BP世界能源统计年鉴，Wind数据）

2021 年全球天然气供应实现正增长，产量和消费量均已高于 2019 年前水平，世界天然气消费量排名前三的国家为美国、俄罗斯和中国，合计消费量占全球比重为 41.6%。

我国自 2015 年原油产量达到历史高位之后，直至 2018 年连续三年持续下降，2019 年国内主要油气企业实施了"七年行动计划"，全年原油产量四年来首次实现正增长。从需求上看，我国是全球第二大原油消费国，2021 年我国原油对外依存度为 72.5%，短期内原油供求形势难以发生根本性变化，原油对外依存度仍将居高不下。具体见图 3-4。

3.1.2　行业发展趋势

石化行业是交通能源、基础化工原材料的重要保障行业，在国民经济发展中发挥着不可替代的作用。石油化工产业上游主要是石油开采与

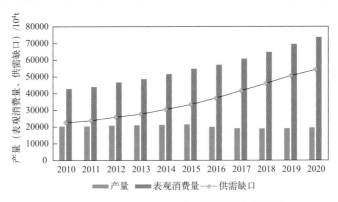

图 3-4　2010—2020 年我国原油供需缺口

（数据来源：国家统计局，隆众数据等）

炼制行业，包括油气开采和运输、炼油和石油化工产品加工制造过程；中游为基本有机与高分子行业；下游行业为农业、能源、交通、机械、电子、纺织、轻工、建筑、建材等工农业和为人民日常生活提供配套和服务的行业。具体见图3-5。

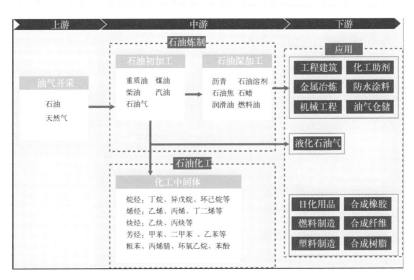

图 3-5　石油化工产业链全景图

碳达峰碳中和目标对石化行业绿色发展提出了更高要求，石化行业发展呈现出新的发展趋势和特点。石油化工行业发展路线见图3-6。

近年来，我国石油、天然气的对外依存度较高，且处于增长的态势。我国能源安全形势严峻，保障能源安全仍是未来我国能源工作的重点任务。同时，在"碳达峰"和"碳中和"的任务背景下，油气行业需要建立高效的发展体系。未来，油气行业发展策略上依然是以能源安全为主，同时完善行业发展体系。

从能源安全角度，需关注的政策主要包括：构建现代能源体系，石油、天然气行业仍要发挥能源保障能力；实施能源资源安全战略，提升油气资源储备安全保障能力；攻关油气勘探开发关键核心技术。

从行业发展方向角度，中短期内石油消费仍将持续增长。2022年工信部等六部门联合印发的《关于"十四五"推动石化化工行业高质量发展的指导意见》提出，到2025年，石化化工行业基本形成自主创新能力强、结构布局合理、绿色安全低碳的高质量发展格局。未来石油消费方向将逐渐回归"原料属性"，随着交通运输电动化程度不断提升，交通用油将持续下降，化工用油保持稳定。天然气中长期消费将快速增长，从以工业燃料和天然气发电为主逐渐转向调峰为主。因此未来石油、天然气化工利用将集中在减油增化、减油增特、绿电绿氢大规模应用、可再生能源、生物质能等多能融合技术方向。同时科技创新是绿色发展的核心动力，需要不断革新现有技术，优化工艺条件，提高节能减排效率，增强生产过程的安全性、环保性。

3.1.3 关键技术问题

（1）颠覆性工艺技术开发应用

原油直接制化学品技术（COTC）是实现石油制化学品工艺技术变革的颠覆性技术代表，主要包括原油蒸汽裂解技术和原油催化裂解技术。该技术可最大限度利用石油的资源属性，与可再生能源集成，颠覆传统

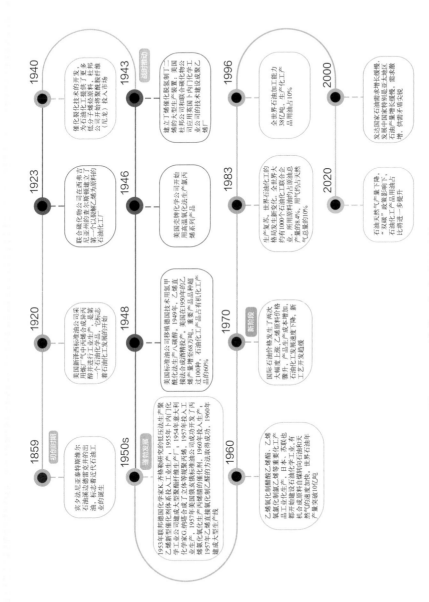

◢ 图 3-6 石油化工行业发展路线

1859

宾夕法尼亚州特拉克维尔石油溪边德雷克打出的石油，标志着近代石油工业的诞生

1920

美国新泽西标准石油公司采用烯烃气中丙烯合成异丙醇并进行工业生产，它标志着第一个石油化学产品，标志着石油化工发展时代的开始

1923

联合碳化物公司在西弗吉尼亚州的查尔斯顿镇建立了第一个以乙烯和丙烯为原料的石油化工厂

1940

催化裂化技术的开发，为石油化工提供了更多低分子烯烃原料。乙烯、丙烯并进行工业生产，是第一个石油化学产品，杜邦公司开始将聚酰胺纤维乙（尼龙）投入市场

1943

建立了乙烯化脱氢制三个1000吨级大型生产装置。美国杜邦公司和联合碳化物公司应用西南国卜内门化学工业的新技术大规模建成聚乙烯厂

1946

美国壳牌化学公司开始用商品高温乙炔法生产丙烯系列产品

1948

美国标准油公司移植德国技术用氢甲酰化法合成醛醇类。1949年，美国在1950年代的乙烯合成产品中，接烃法量增至68万吨，重要产品品种超过100种，石油化工产品占有机化工产品的60%

1950s

1953年联邦德国化学家K.齐格勒新型催化剂体系投入工业生产，聚乙烯工业建成大型规模化工，内门化学家G.纳塔合成了立体等规聚丙烯，1957年意大利工业生产。1957年美国缩尔油发开了丙烯，石油化学工业生产的催化剂，1960年接氨化氧生产丙烯腈的催化剂，1960年石油乙烯直接氨化氧的方法取得成功，建成大型生产线

1960

乙烯氧化制醋醛，乙烯、乙炔氯化制氯乙烯等重要化工产品工业生产。日本、苏联也都开始建设石油化学转向石油机和合成原料大规模工业，世界石油化学高速度增加，天然气的速度增加，世界石油年产量突破10亿吨

1970

国际石油价格发生了丙烯大幅度上涨，乙烯原料价格上升，产品生产成本增加，石油化学工业产品量下降，新工艺下发趋缓

1983

生产变苏，世界石油化工的格局发生新变化。全世界大约有1000个石油化工联合企业，石油原料品种的占原油总产量8.4%，用气约占10%

1996

全世界石油加工能力38亿吨，生产化工产品油占10%

2000

发达国家石油需求增长缓慢，发展中国家特别是亚太地区，石油产品用油快增，快需矛盾矛盾日益尖锐

2020

石油天然气产量下降，"双碳"政策影响下，石油化工产品用油占比例进一步提升

炼油/炼化一体化的工艺流程，使传统的"以油为主"的产业模式过渡到"以化为主"，且理想的化学品收率可达70%～80%，是石油化工未来的重点发展方向。

COTC代表性技术有埃克森美孚技术、中石化技术和沙特阿美技术，其中埃克森美孚技术和中石化技术实现了工业试验应用。埃克森美孚技术创新点在于完全绕过常规炼油过程，将原油直接在蒸汽裂解炉中裂解，工艺流程大为简化。2014年新加坡裕廊岛建成了全球首套商业化原油直接裂解制轻质烯烃装置，乙烯产能为100万吨每年，该装置以布伦特轻质原油为原料，利用约76%的原料通过蒸汽裂解生产化学品。沙特阿美使用一体化的加氢处理、蒸汽裂解和焦化工艺直接加工阿拉伯轻质原油，利用85%的原料通过蒸汽裂解生产化学品，乙烯收率约为20%，化学品收率约为50%，该技术可将石化原料收率提高到70%～80%，目前正在筹建工业化装置。印度信实、日本住友等多家企业也投入了原油制化学品项目的研发。在我国，中石油、中石化等大型企业及中国科学院过程工程研究所、中国石油大学（华东）也相继开展研发工作，中石化重点攻关项目"轻质原油裂解制乙烯技术开发及工业应用"于2021年11月在天津石化工业试验成功，实现了原油蒸汽裂解技术的国内首次工业化应用。

中石化直属的石油化工科学研究院自主研发的原油催化裂解技术在扬州石化成功进行工业试验，直接将原油转化为轻质烯烃和芳烃等化学品。这是原油催化裂解技术的全球首次工业化应用，标志着我国原油直接制化学品技术取得突破性进展，成为世界上原油催化裂解技术路线领跑者。

（2）多能互补能源体系建立

鉴于我国"富煤、贫油、少气"的能源资源禀赋及现有能源和基础工业结构中以煤为主的现实国情，未来我国能源结构绿色低碳转型将面临前所未有的挑战。在未来较长时期内，煤炭仍是我国能源结构中的主导资源，煤炭与石油的互补发展将弥补石油化工行业的结构性缺陷。基于此，刘中民院士提出将石油化工与煤化工耦合发展，实现烯烃、芳烃和含氧化合物大宗化学品／燃料的合成技术变革，以构建更加合理的产业结构。

针对石化行业多能互补能源体系建立的具体方向问题，孙丽丽院士曾提出"构建多能互补的能源耦合体系"的思路——以化石能源为原料，用于生产洁净能源及化工品、化工材料，以风能、光能、地热能、生物质能及核能等多种能源作为生产过程的能源提供者，让生产过程耦合利用多种能源，充分发挥不同能源的属性和特征，进而实现能源结构低碳化、资源利用高价值化、废弃物回收资源化并兼具经济性。

（3）绿氢、绿电应用技术

对石化工艺流程进行绿电、绿氢适应性再造，打造短流程的特色产品加工方案将成为炼化工艺的主流技术，以实现石化过程的绿色发展。

氢气是石化行业重要的物质和能量来源。石化产业在节能减排等过程基础上，要推动绿氢的应用，提升炼化工艺过程能效水平。绿氢指来自太阳能、风能等可再生能源发电制取的氢气，生产过程中没有二氧化碳排放。绿氢炼化已列入《"十四五"全国清洁生产推行方案》，文件明确提出石化化工行业实施绿氢炼化降碳工程。绿氢炼化将成为石化工业实现碳中和的必由之路。现有技术条件下，石化工业应用氢能减碳，短期内仍面临缺乏经济性、储运困难和安全性不高等问题，是绿氢进入石化工业需要解决的问题之一。

电气化替代也是石化工业实现碳中和的重要路径，大规模用绿电替代煤炭、石油和天然气等化石能源，可有效减少对化石能源的依赖，进一步降低碳排放强度，有利于实现碳中和。面向"双碳"目标，利用绿氢和绿电协同重构以化石能源为主的炼化工艺流程，不仅可促进石化工业深度减碳，而且可推动石化工业实现高质量发展。上述过程的实现需要变革性技术作为支撑，新能源供应也应可靠安全。

（4）数字化、智能化发展

数字化、智能化是石化行业高质量可持续发展的必然要求和现实路径。石化产业作为最典型的流程工业，其生产制造以及设备监管等方面的要求较高，"双碳"目标下，数字化建设对石化行业提质、增效、升级作用显著。"十三五"期间，中国石化行业数字化、智能化建设取得了一定的成绩，人工智能、大数据分析等技术与石化产业融合发展初见成效，开展了智能油田、智慧园区、智能工厂等示范建设。随着物联网、移动互联网、无线传感技术等新技术的发展，石化行业智能巡检、管道阴极保护、全自动立体仓储等智能化应用正逐步实施。

未来石化产业向安全、洁净、绿色等方向转变，数字化水平将进一步提高，工业互联网平台技术是赋能石化产业数字化发展的关键技术。高标准、高水平的工业互联平台建设有利于推动石油化工产业向更高层次发展。

3.1.4 技术发展路线

在"双碳"目标约束下，石油、天然气行业技术发展应重点考虑以下几个方向（具体见图3-7）。

2030年前，重点推广过程强化等提质增效技术和减油增化技术。

2030—2035年，推广石化行业电气化应用技术、生物质替代技术；提升CCUS（碳捕集、利用与封存）技术部署规模，其间可推广以燃烧后化学吸收为主的石油化工CCUS技术。

2035—2050年，生物质替代技术和CCUS技术在整个石化行业实现大规模商业推广，在石油化工行业侧重推广燃烧后化学吸附等技术；随着制氢 - 储氢 - 运氢技术的逐渐成熟，重点发展绿氢替代技术；大力发展捕集CO_2制备化学品、捕集CO_2矿化利用等碳原料替代技术，实现化工行业的原料零碳化。

2050—2060年，持续推广电气化应用、原料替代、CCUS、工业流程再造、回收与循环利用等技术，实现化工行业近零排放。

集中攻关　　试验示范　　推广应用

方向	技术	2022	2025	2030	2035	2040	2050	2060
石油炼制	催化裂化烯烃转化技术							
	原油直接制化学品技术							
	蒸汽裂解装置电气化技术							
	废塑料/轮胎热解油和废润滑油生产清洁燃料							
	甲醇石脑油耦合制烯烃技术							
	煤炉油改电炉改电炉技术							
原料/燃料替代	生物质煤生产新技术							
	电解海水制氢气技术							
	分布式天然气、氨气、甲醇、液态烃类等传统能源与化工品高效催化制氢技术							
	管道输氢技术							
	储氢技术							
CCUS	CO₂化学利用							
	CO₂封存与监测技术							
	CO₂驱油利用与封存技术							
节能与过程强化技术	低温余热利用及系统能量集成							

◇ 图3-7　石油、天然气领域关键技术发展路线图

3.2 煤炭开采与燃烧领域

3.2.1 宏观现状态势

从原煤开采到终端消费的煤炭供需产业链如图 3-8 所示。

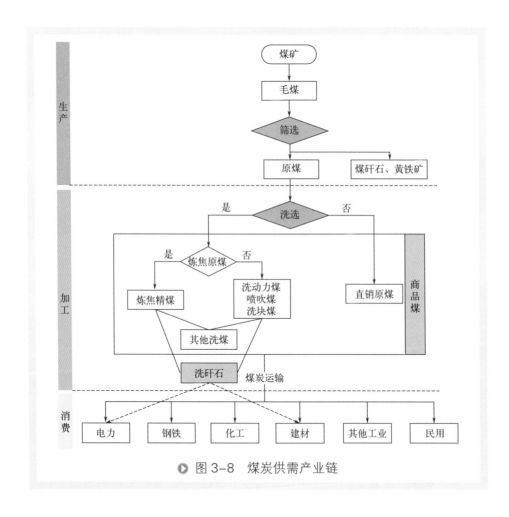

◐ 图 3-8 煤炭供需产业链

① 毛煤开采：毛煤是指从地上或地下煤矿中采掘出来的未经任何加工处理的煤，是煤的最原始状态。

② 原煤：毛煤经过简单加工处理，去除肉眼可见的石块、黄铁矿等之后的煤。

③ 洗选加工：利用煤和杂质的性质差异，采用物理、化学等方法有效分离煤和杂质，形成满足特定煤质要求的洗煤产品的煤炭加工过程。根据入洗煤的煤种、可洗特性、市场煤质要求，形成了满足不同用途要求的不同品质的煤炭产品。

④ 炼焦煤洗选：指以炼焦原煤为入洗原料煤，经过洗选、分级等加工处理之后，生产出符合炼焦要求（低灰）的炼焦精煤。炼焦煤洗选除生产炼焦精煤以外，还包括洗中煤和煤矸石。

⑤ 动力煤洗选：动力煤是指利用途径为燃烧的煤，主要与炼焦煤相区分。随着煤炭利用途径多样化，高炉喷吹煤、化工原料煤等需洗选。但在习惯上仍然将上述两种煤洗选划入动力煤洗选。动力煤洗选以生产满足市场要求的煤炭产品为主，通过洗选实现矸石去除，以及不同粒度、灰分煤炭产品的划分。

⑥ 商品煤销售：商品煤是指可在市场交易，并最终消费的煤。煤炭品种包括洗精煤、洗动力煤和未经洗选的原煤（混煤）等。

⑦ 煤炭消费：主要为以煤炭为燃料、原料的各个工业部门、三产部门和民用部门。工业部门中，电力、钢铁、化工、建材是我国煤炭消费的四个最主要部门。

基于《中国能源统计年鉴2021》中2020年全国能源平衡表实物量中煤炭相关数据，绘制了2020年中国煤炭流向图（具体见图3-9）。其中焦炉煤气、煤气制品的单位为亿立方米，为保证单位一致性，通过计算热值法将其折算成热值为5000kcal[❶]/kg的煤的实物量。

（1）煤炭供给端

2020年全国煤炭供给端总计420519万吨，同比增长1.3%，其中生产量达390158万吨，占比92.8%；进口量为30361万吨，对外依存度为7.2%。

生产侧，晋蒙陕三省（区）仍占据我国煤炭保供的重要地位。山

---

❶ 1cal=4.1868J。

西和内蒙古产量均超 10 亿吨，分别占我国煤炭生产总量的 27.7% 和 26.3%；陕西紧随其后，产量为 67973 万吨，占总产量的 17.4%。煤炭生产较为突出的省份还有新疆，年产量达 26966 万吨，占比 6.9%。其余省份产量总和为 84762 万吨，占比 21.7%。

进口侧，印度尼西亚是我国近年来煤炭进口第一大来源国，2020 年我国从印度尼西亚进口煤炭 14099 万吨，占总进口量的 46.4%；澳大利亚是第二大进口来源国，我国从其进口 7808 万吨，占比 25.7%；其他国家中，我国从俄罗斯、蒙古国、美国分别进口 3956 万吨、2855 万吨、95 万吨，占比分别为 13.0%、9.4% 和 0.3%。剩余其他各国进口总计 1548 万吨，占比 5.1%。

2020 年我国煤炭出口 669 万吨，仅占煤炭生产总量的 0.2%，同比减少 47%。

（2）加工转换过程

2020 年，我国煤炭的加工转换部门主要为洗选、炼焦、发电、供热、炼油、制气等。

煤炭洗选投入 90164 万吨，产出洗精煤 56125 万吨，产率为 62.2%；产出其他洗煤 22737 万吨，产率为 25.2%；产出煤矸石 11301 万吨，产率（洗选损耗率）为 12.5%，其中，矸石能源利用量为 2790 万吨，占矸石总量 24.7%，矸石非能源利用量为 8511 万吨，占矸石总量 75.3%。

炼焦投入 65968 万吨，其中原煤投入 10960 万吨，洗精煤投入 55008 万吨。原煤主要用于生产半焦（兰炭），洗精煤主要用于生产冶金焦。共产出焦炭 47188 万吨，产率为 71.5%；其他煤制品 9610 万吨，产率为 14.6%；炼焦损失 9169 万吨，占比 13.9%（折标准量损失 10.4%）。

燃煤发电是我国发电来源主力，也是我国煤炭消费的主要部门。2020 年燃煤发电消耗煤炭 215724 万吨，占煤炭消费总量的 53.3%。供热投入 38438 万吨，占比 9.5%。发电、供热共占煤炭消费总量的 62.8%。炼油、制气分别投入 3459 万吨、3323 万吨，分别占煤炭消费总量的 0.9%、0.8%，均不足 1%。

（3）终端消费端

2020 年，我国煤炭终端消费总量为 127382 万吨。其中，工业部门消费煤炭 113176 万吨，占终端消费量的 88.8%，占煤炭消费总量的 28.0%；居民生活消费 6457 万吨，占终端消费量的 5.1%，占总量的 1.6%；其他合计消费 7749 万吨，占终端消费量的 6.1%，占总量的 1.9%。

终端工业消费包括工业原料和工业燃料。工业原料采用《中国能源统计年鉴 2021》全国能源平衡表工业部门中"用作原料、材料"的煤炭量数据。2020 年我国工业原料煤炭消费量为 16977 万吨，工业燃料煤炭消费量为 96198 万吨，分别占煤炭消费总量的 4.2% 和 23.8%。在终端工业消费中，化工、钢铁、建材和有色四大高耗能行业占比超过九成。化工行业消费煤炭 21613 万吨，占终端工业消费的 19.1%。原料煤是化工行业煤炭消费的主要部分。由于现有统计年鉴中未对原料煤消费部门进行行业区分，而化工是原料煤消费的最主要部门，图 3-9 将所有原料煤计入化工行业。2020 年，化工行业原料煤消耗 16977 万吨，占化工行业终端煤炭消费总量的 78.5%；燃料煤消耗 4636 万吨，占比 21.5%。

钢铁行业消耗煤炭 53187 万吨，占终端工业消费的 46.9%。其中焦炭消费量为 40335 万吨，占钢铁行业煤炭消费总量的 75.8%，占焦炭总产出量的 82.9%，故钢铁行业是焦炭的最主要消费终端。建材、有色行业分别消耗煤炭 25725 万吨、3070 万吨，占比分别为 22.7%、2.7%，主要为燃料煤；其他行业合计消耗煤炭 9581 万吨，占比 8.5%。

3.2.2　行业发展趋势

中国煤炭产量变化趋势如图 3-10 所示。2000 年以来我国煤炭生产持续增长，到 2013 年达到 39.7 亿吨，占全球煤炭产量的 48%。之后，随着经济增速放缓、供给侧结构性改革，煤炭产量下降，到 2016 年下降

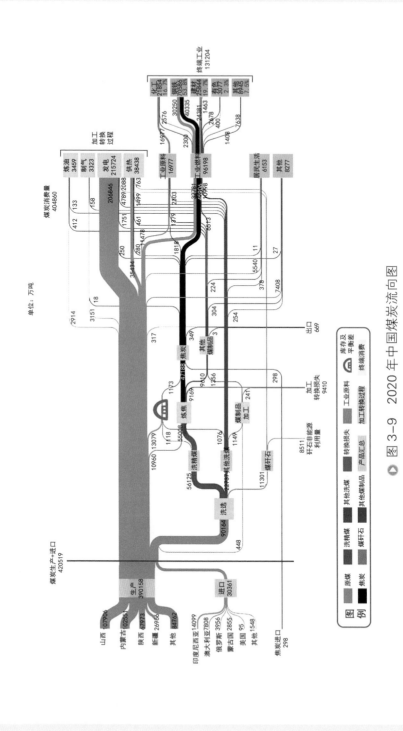

● 图 3-9　2020 年中国煤炭流向图

到 34.1 亿吨，较 2013 年下降 14.1%。2016 年以后，煤炭产量企稳回升，2020 年达到 40.1 亿吨。2021 年受国际能源供需关系失衡、国内煤矿产能周期转换、国内用电需求快速增长、异常气候、自然灾害等多重因素影响，国内煤炭供需持续偏紧。为此，2021 年下半年，在国家"保供稳价"政策指导下，煤炭优质产能加速释放，供应量明显增长，煤炭库存持续升高，供需形势向基本平衡转变。2021 年，全国煤炭产量 41.3 亿吨，创历史新高，中国煤炭产量占全球比重达到 50%。2022 年，随着俄乌冲突爆发，煤炭"保供稳价"需求更为迫切，煤炭产量持续上升，原煤产量比上年增长 10.4%，达到 45.6 亿吨。

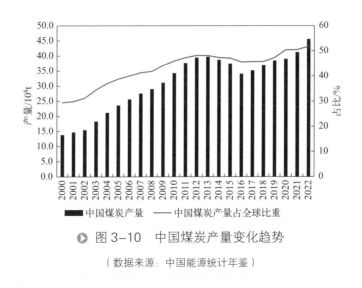

▶ 图 3-10 中国煤炭产量变化趋势

（数据来源：中国能源统计年鉴）

煤炭生产结构持续优化，形成向大型先进煤矿集中、向晋蒙陕新地区集中、向优势企业集中等三个趋势。

一是煤炭生产向大型、先进煤矿集中。2005 年全国有 2.48 万处煤矿，年产 120 吨以上的大型煤矿只有 350 座。2010 年以来，我国煤矿数量由 1.5 万处下降到 2021 年的 0.45 万处，下降 2/3。截至 2022 年底，全国煤矿数量减少到 4400 处以内，其中年产千万吨级煤矿 79 处，产能 12.8 亿吨每年。年产 120 万吨以上的大型煤矿产量占全国总产量 85% 左右，而年产 30 万吨以下的小型煤矿产能占比不到全国 2%。具体见图 3-11。

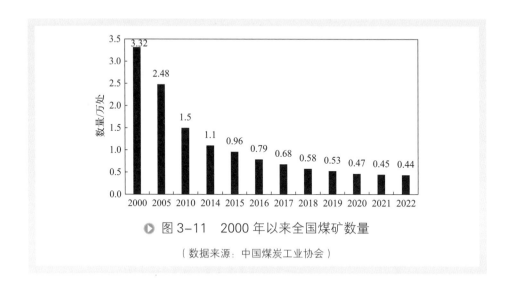

图 3-11　2000 年以来全国煤矿数量

（数据来源：中国煤炭工业协会）

二是煤炭生产重心加速向晋蒙陕新集中。如图 3-12 所示，山西、内蒙古、陕西是我国煤炭生产大省，2010 年三省（区）原煤产量合计占全国一半以上。2010 年以来，煤炭生产重心进一步向晋蒙陕集聚，到 2022 年，三省（区）原煤产量占全国比重达到 72%，其中山西、内蒙古产量就超过全国一半。此外，新疆作为国内煤炭储量最大的地区，是国内煤炭资源接续地区。近年来随着西部大开发持续推进，东部地区煤矿产能退出，新疆加大了煤炭资源开采力度，到 2022 年新疆原煤产量占全国比重上升至 9.2%，原煤产量较 2010 年增长 2 倍多。2022 年，山西、内蒙古、陕西、新疆四省（区）原煤产量 36.3 亿吨，占全国 81%。东部地区原煤产量持续下降。

三是煤矿产能加速向大型企业集中。如图 3-13 所示，2010 年以来煤炭行业集中度明显提升，特别是 2016 年供给侧结构性改革之后，2017 年同比上升了 4 个百分点。前 10 大生产企业原煤产量占全国比重从 2010 年的 28% 上涨到 2022 年的 51%。

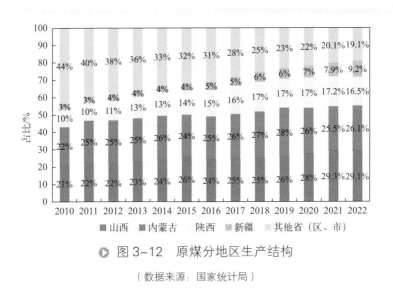

图 3-12　原煤分地区生产结构

（数据来源：国家统计局）

图 3-13　前 10 大煤炭生产企业原煤产量占比趋势

（数据来源：中国煤炭工业协会）

如图 3-14 所示，2000 年中国煤炭消费占全球比重约为 30%。2000 年以后，中国煤炭消费总量快速增长，到 2011 年消费占全球比重超过五成。2011 年到 2013 年，随着煤炭消费总量持续增长，中国煤炭消费占全球比重继续上升到 51.1%。2013 年以后，随着中国煤炭消费总量下降，同时全球煤炭消费总量也呈现下降趋势，中国煤炭消费占全球比重稳定在 51% 左右。2019 年以来，中国煤炭消费总量快速上涨，带动中国煤炭消费占全球比重上升，到 2020 年达到 54.5%。

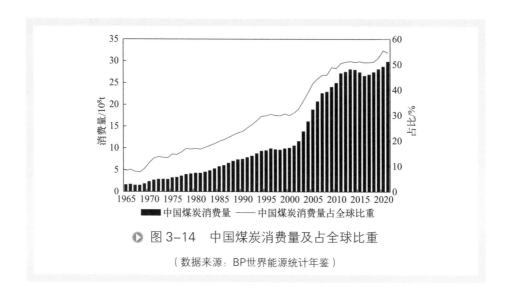

图 3-14　中国煤炭消费量及占全球比重

（数据来源：BP世界能源统计年鉴）

发电、供热、炼焦是煤炭消费的主要部门。煤炭分部门消费趋势见图 3-15。2000 年以来，中国煤炭消费持续向发电部门集聚，2017 年发电消耗煤炭占中国煤炭消费比重超过 50%，2017 年以后持续上升，但增速放缓，到 2020 年消费电煤 21.2 亿吨，占煤炭消费总量比重达到 52%。供热部门煤炭消费量持续增长，但受其他部门煤炭消费快速增长的影响，供热部门消费煤炭占煤炭消费总量比重在 2011 年前持续下降，从 7% 下降到 5%。2011 年以后，随着煤电供热改造开展，供热耗煤快速增长，到 2020 年供热部门消耗煤炭 3.7 亿吨，占煤炭消费总量比重达到 9%。炼焦部门随着钢铁产业发展，煤炭消费量持续增加，到 2020 年炼焦消耗原煤 6.6 亿吨，占煤炭消费总量比重达到 16%。其他工业部门煤炭消费总量在 2012 年达峰后开始下降，从 2012 年的 12.7 亿吨下降到 2020 年的 7.6 亿吨，下降 40%；占煤炭消费总量比重由最高的 31% 下降到 19%。居民生活和其他（包括三产和农业）煤炭消费是国家散煤治理的重点，随着经济发展和国家政策约束，其煤炭消费总量和占比持续下降，2021 年合计消费煤炭 1.4 亿吨，占煤炭消费总量比重不到 4%。

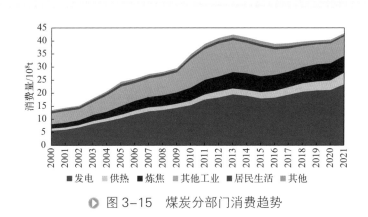

▶ 图 3-15　煤炭分部门消费趋势

（数据来源：国家统计局煤炭平衡表）

煤电是我国电力的主要来源，煤电装机及占比趋势见图 3-16。2012 年以来，虽然燃煤发电装机量持续增长，但其占全部装机的比重逐年下降，从 2012 年的 65.8% 下降到 2021 年的 46.6%。"双碳"目标下，发

▶ 图 3-16　煤电装机及占比趋势

（数据来源：中国电力年鉴）

电结构向非化石能源转型，燃煤发电装机占比仍将逐年下降。但煤电因具有高可靠性仍然是新型电力系统的基础。2022年煤电机组承担了70%的顶峰任务。

2012年以来，煤电发电量占全国发电量比重持续下降（具体见图3-17），从2012年的74.5%下降到2022年的58.4%。

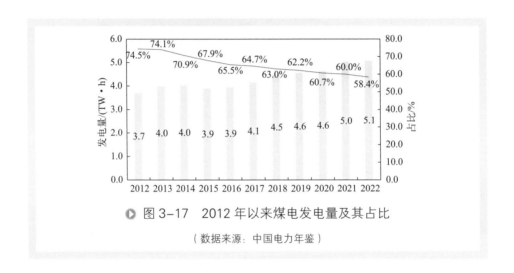

图3-17　2012年以来煤电发电量及其占比

（数据来源：中国电力年鉴）

煤电机组年均利用小时数是衡量煤电机组运行水平的重要参数。一般而言，5500h往往是煤电机组规划设计的基准线，如果利用小时数低于5000h，则可认为存在装机过剩。2012年以来煤电机组年均利用小时数见图3-18。2012年到2014年，煤电机组年均利用小时数在5000h/a左右，出现装机过剩现象。2015年以后，随着前期投资机组投运，而电力消费放缓，清洁能源快速发展，煤电机组年均利用小时数快速下降，到2016年仅为4170h/a，较2013年下降16.7%。2016年以后，煤电新增装机放缓，但随着气电、非化石电力快速发展，煤电利用小时数仍然保持低位。2021年随着经济的复苏，国家对电力保供愈加重视，煤电利用小时数上升到4532h/a。

2000年以来全国火电平均供电煤耗见图3-19。2020年全国6000kW及以上火电厂供电煤耗（以标准煤计）为305.5g/（kW·h），比2015年

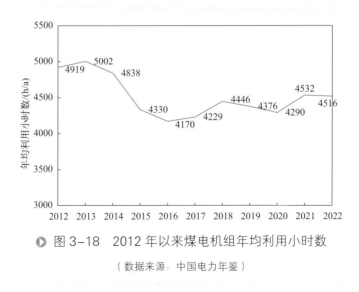

● 图 3-18 2012 年以来煤电机组年均利用小时数

（数据来源：中国电力年鉴）

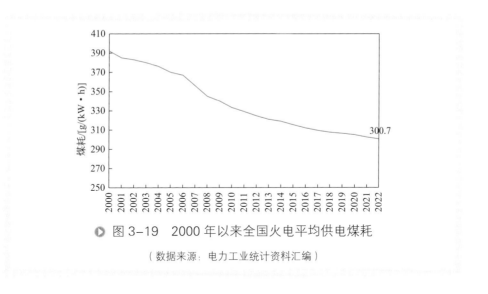

● 图 3-19 2000 年以来全国火电平均供电煤耗

（数据来源：电力工业统计资料汇编）

下降 9.9g/(kW·h)，比 2010 年下降 27.5g/(kW·h)，比 2005 年下降 64.5g/(kW·h)。以 2005 年为基准年，2006—2020 年，供电煤耗降低累计减少电力二氧化碳排放 66.7 亿吨，对电力二氧化碳减排贡献率为 36%，有效减缓了电力二氧化碳排放总量的增长。2021 年火电供电煤耗继续下降，为 302.5g/(kW·h)。根据《全国煤电机组改造升级实施方案》，到 2025 年全国火电平均供电煤耗降至 300g/（kW·h）以下。

分部门来看，到 2035 年煤炭消费继续向发电、供热部门集聚，到 2035 年占煤炭消费比重接近 60%；2035 年以后，随着可再生能源大规模发展，电煤消费快速下降，带动煤炭消费总量下降（具体见图 3-20）。工业部门煤炭消费总量比较稳定，占比随煤炭消费总量下降而提升。2050 年以后，面向碳中和要求，工业部门煤炭消费也须实现大幅减排。为保障能源安全，煤炭将在电力行业继续发挥作用，占比也随着工业部门煤炭消费总量降低而提升。

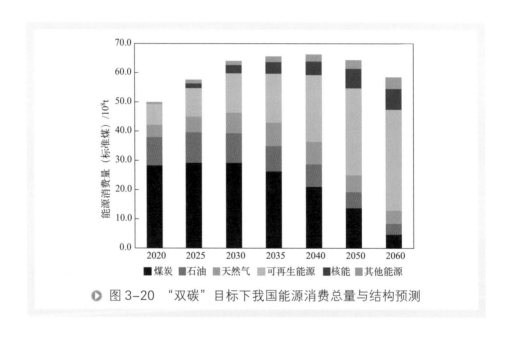

图 3-20 "双碳"目标下我国能源消费总量与结构预测

3.2.3 关键技术问题

围绕煤炭产业链，从煤炭资源勘探、资源开采、煤矿装备、煤矿安全、煤矿应急与职业健康、煤矿洗选、煤层气及伴生资源开发和煤炭清洁高效燃烧等环节，梳理了煤炭开采与燃烧关键技术问题，具体见图 3-21。

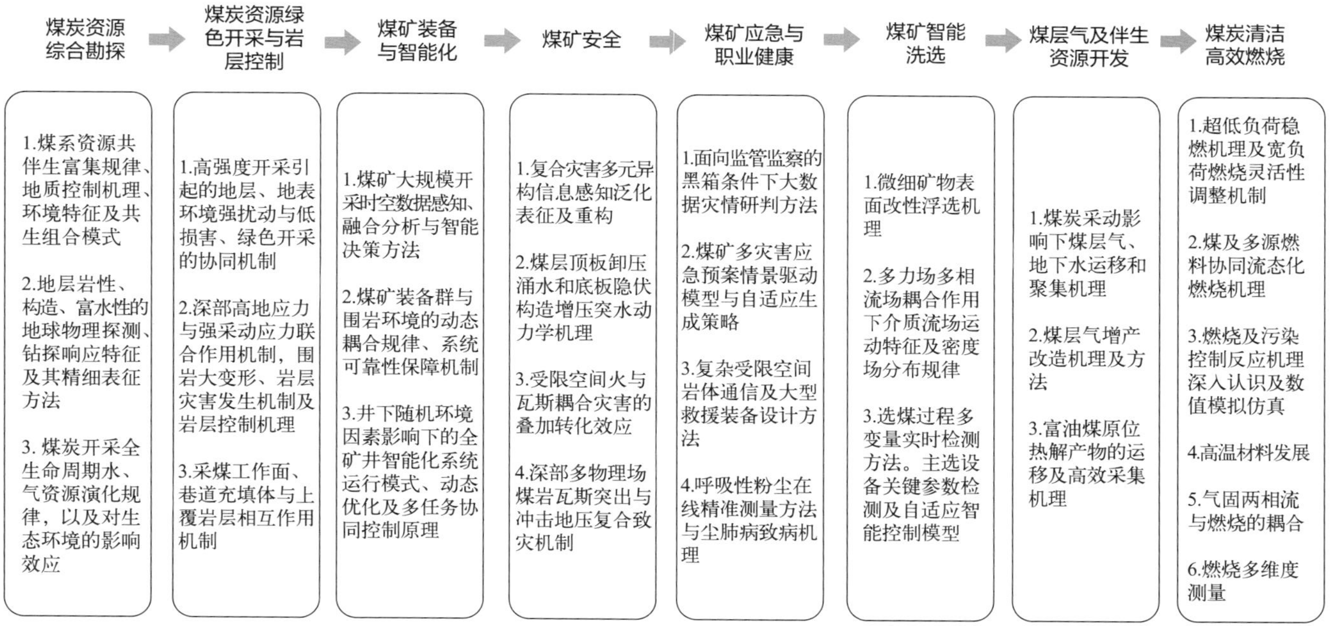

煤炭资源
综合勘探 → 煤炭资源绿
色开采与岩
层控制 → 煤矿装备
与智能化 → 煤矿安全 → 煤矿应急与
职业健康 → 煤矿智能
洗选 → 煤层气及伴生
资源开发 → 煤炭清洁
高效燃烧

煤炭资源综合勘探
1. 煤系资源共伴生富集规律、地质控制机理及其环境扰动特征及其生组合模式
2. 地应力、构造、富水性的地球物理探测响应特征及其精细表征方法
3. 煤炭开采全生命周期水、气演化规律，以及对生态环境的影响效应

煤炭资源绿色开采与岩层控制
1. 高强度开采引起的地层、地表环境扰动与低损害、绿色开采的协同机制
2. 深部高地应力与强采动应力耦合作用机制，围岩大变形、岩层采动灾害发生机制及岩层控制原理
3. 采煤工作面、巷道充填体与上覆岩层相互作用机理

煤矿装备与智能化
1. 煤矿大规模开采时空数据感知、融合分析与智能决策方法
2. 煤矿装备群与围岩环境的动态耦合规律，系统可靠性保障机制
3. 井下随机环境因素影响下的全矿井智能化系统运行模式，动态优化及多任务协同控制原理

煤矿安全
1. 复合灾害多元异构信息感知泛化表征及重构
2. 煤层顶板卸压涌水和底板隐伏构造增压突水动力学机理
3. 受限空间火与瓦斯耦合灾害的叠加耦合效应
4. 深部多物理场煤岩瓦斯突出与冲击地压复合致灾机制

煤矿应急与职业健康
1. 面向监测监察的黑箱条件下大数据灾情研判方法
2. 煤矿多灾害应急预案情景驱动模型与自适应生成策略
3. 复杂受限空间岩体通信及大型数据装备设计方法
4. 呼吸粉生在线精准检测量方法与尘肺病致病机理

煤矿智能洗选
1. 微细矿物表面改性浮选机理
2. 多力场多作用下矿物流动特征及密度场分布规律
3. 选煤过程多变量实时检测方法、主要设备关键参数自适应智能控制模型

煤层气及伴生资源开发
1. 煤炭采动影响下煤层气地下水运移和聚集机理
2. 煤层气增产改造机理及方法
3. 富油煤原位热解产物的运移及高效采集机理

煤炭清洁高效燃烧
1. 超低负荷稳燃机理及宽负荷燃烧灵活性调整机制
2. 煤及多源燃料协同流态化燃烧机理
3. 燃烧及污染控制反应机理深入认识及数值模拟仿真
4. 高温材料发展
5. 气固两相流与燃烧的耦合
6. 燃烧多维度测量

◎ 图 3-21 煤炭产业链关键环节与关键技术

3.2.4　技术发展路线

基于《能源技术革命创新行动计划（2016—2030 年）》《"十四五"能源领域科技创新规划》中能源技术发展路线图内容，分前瞻研究、集中攻关、试验示范、推广应用等四个阶段，对各项技术未来发展路线进行判断，形成煤炭领域关键技术路线图（见图 3-22 和图 3-23）。

3.3　煤化工领域

3.3.1　宏观现状态势

煤化工是指以煤为原料，经化学加工使煤转化为气体、液体和固体产品或中间产品，而后进一步加工成化工、能源产品的过程，如图 3-24 所示。煤化工可分为传统煤化工和现代煤化工。传统煤化工主要包括煤制合成氨、煤制焦炭、煤制电石等。现代煤化工主要包括煤制甲醇、煤制油、煤制烯烃、煤制天然气、煤制乙二醇、煤制乙醇等。现代煤化工具有装置规模大、技术集成度高、资源利用率高等基本特征，在石油价格波动起伏、总体攀升的情况下，已成为部分国家特别是中国应对石油危机的重要对策。

当前，我国现代煤化工产业快速发展（具体见图 3-25 和图 3-26），已经成为石油化工的重要补充。近年来煤制烯烃产业在我国快速发展，产能从 2015 年的 520 万吨增长至 2021 年的 1672 万吨，年增长率达到 21%；产量由 2015 年的 386 万吨增长至 2021 年的 1575 万吨，年增长率达到 26%。我国煤制油产业目前已有较大发展，2015 年产能为 339 万吨，产量仅为 129 万吨，开工率只有 38.1%；2018 年煤制油开工率得到较大提升，达到 64.8%；2021 年我国煤制油产能达到 823 万吨，与 2015 年相比增加 484 万吨，年增长率为 16%，2021 年产量达到 679.5 万

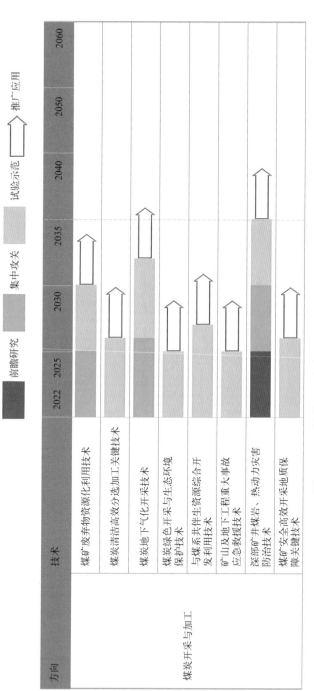

◎ 图 3-22 煤炭开采与加工领域关键技术路线图

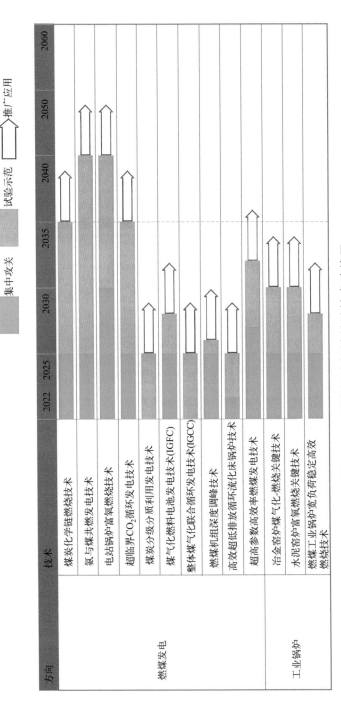

▶ 图 3-23　煤炭燃烧领域关键技术路线图

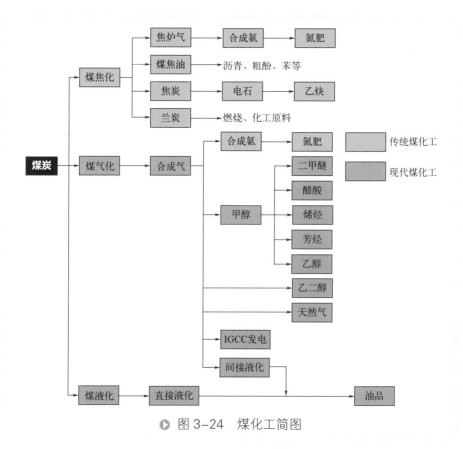

◉ 图 3-24 煤化工简图

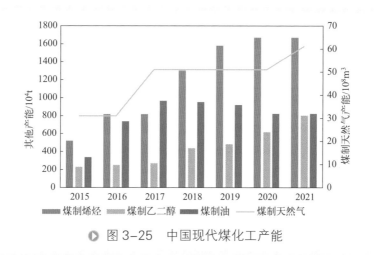

◉ 图 3-25 中国现代煤化工产能

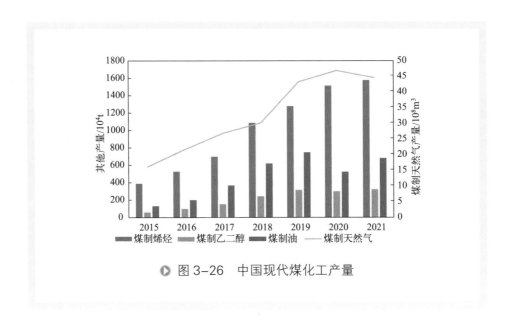

图 3-26　中国现代煤化工产量

吨，与 2015 年相比增加了 550.5 万吨，年增长率为 32%，2021 年煤制油开工率提升至 82.6%。煤制天然气产能从 2015 年的 31.05 亿立方米增长至 2021 年的 61.25 亿立方米，年增长率达到 12%；产量由 2015 年的 16 亿立方米增长至 2021 年的 44.53 亿立方米，年增长率达到 19%。煤制乙二醇产能从 2015 年的 230 万吨增长至 2021 年的 803 万吨，年增长率达到 23%；产量由 2015 年的 60 万吨增长至 2021 年的 322.8 万吨，年增长率达到 32%。

依据 2021 年主要化工产品的产量及耗煤因子估算的煤化工耗煤量占比如图 3-27 所示，其中煤制合成氨耗煤占比为 28.8%，煤制烯烃耗煤占比为 27.1%，煤制甲醇耗煤占比为 19.6%，煤制电石耗煤占比为 11.1%，煤间接液化耗煤占比为 6.5%，煤制乙二醇耗煤占比为 3.7%。

依据 2021 年主要化工产品的产量及排放因子估算的煤化工 CO_2 排放占比如图 3-28 所示，其中煤制合成氨占比为 29%，煤制烯烃占比为 28.5%，两者占了煤化工总排放量的 57.5%。煤制电石占比为 18%，煤制甲醇占比为 12%，煤间接液化占比为 8.1%，煤制乙二醇占比为 3.1%。

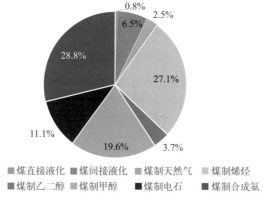

图3-27　2021年中国煤化工主要产品耗煤结构（计算值）

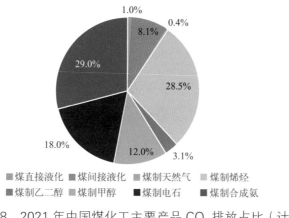

图3-28　2021年中国煤化工主要产品CO_2排放占比（计算值）

3.3.2　行业发展趋势

中国煤炭工业协会指出，到2025年，我国煤制气产能将达到150亿立方米，煤制油产能1200万吨，煤制烯烃产能1500万吨，煤制乙二醇产能800万吨，完成百万吨级煤制芳烃和煤制乙醇、百万吨级煤焦油深加工、千万吨级低阶煤分质分级利用示范，建成3000万吨长焰煤热解分质分级清洁利用产能规模，转化煤量达到1.6亿吨标准煤左右。具体见图3-29。

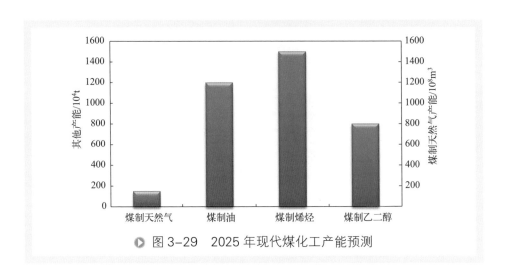

图 3-29　2025 年现代煤化工产能预测

3.3.3　关键技术问题

3.3.3.1　煤化工与石油化工耦合

煤化工与石油化工耦合发展可以从两个层级来实现。第一是采用新的煤化工工艺，大规模生产以烯烃和芳烃为代表的大宗化学品，实现煤化工对石油化工的补充，如煤制烯烃、煤制芳烃、煤制乙醇、煤制乙二醇等。第二是以煤化工的甲醇/合成气为平台，与石油化工进行耦合，大幅提高煤和石油的原子利用率及能量效率，如开发甲醇石脑油耦合制烯烃、甲醇甲苯耦合制对二甲苯等技术。现代煤化工与石油化工耦合与替代的路线如图 3-30 所示。

（1）煤制含氧化合物

我国能源结构为"富煤、贫油、少气"，发展煤化工主要是为了弥补石油资源的不足。煤化工除了生产石化工业难以保障的基础化学品和特种油品之外，其本身也有优势，如生产各种含氧化合物及其下游产品，与石油化工结合可以形成更加合理的工业结构。以煤制乙醇为例，中国科学院大连化学物理研究所刘中民团队对以煤基合成气为原料，经甲醇脱水、二甲醚羰基化、加氢合成乙醇的工艺路线开展了大量的基础和工

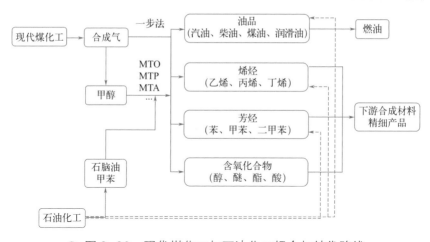

● 图 3-30　现代煤化工与石油化工耦合与替代路线

业性试验，采用非贵金属催化剂，可以直接生产无水乙醇，是一条独特的环境友好型新技术路线。2017年，陕西延长石油集团下属陕西兴化公司采用中国科学院大连化学物理研究所开发的合成气经甲醇脱水、二甲醚羰基化、乙酸甲酯加氢的技术路线，建造了10万吨每年合成气制乙醇装置，成功打通全流程，产出合格无水乙醇，主要指标均达到或优于设计值，标志着全球首套煤基乙醇工业示范项目一次试车成功，合成气制乙醇进入规模化时代。2023年3月，陕西延长石油榆神能源化工有限责任公司（简称榆神能化公司）50万吨每年煤基乙醇项目（图3-31）产品从装卸站鸣笛发车进入市场，标志着全球规模最大煤基乙醇项目正式开启产品销售，迈入生产经营新阶段。2023年12月，全球规模最大的60万吨每年乙醇生产装置在安徽淮北启动试生产。该技术还可以用于将现有大量过剩的甲醇厂改造成乙醇工厂，调整产业结构，释放产能。乙醇便于运输和储存，可以方便灵活地生产乙烯，促进下游精细化工行业的发展。二甲醚羰基化制乙醇的工艺流程相对较短，且设备投资低，生产成本低，将逐渐成为极具市场竞争力的煤制乙醇技术路线。

（2）煤制烯烃

烯烃是我国重要的化工产品。截至2021年，我国乙烯产能4204万

◐ 图 3-31　榆神能化公司 50 万吨每年煤基乙醇项目

吨每年，年产量 3655 万吨，产能占全世界的 20%。丙烯产能 5094 万吨每年，年产量 4150 万吨。我国煤制烯烃产能从 2015 年的 520 万吨增长至 2021 年的 1672 万吨，产量由 2015 年的 386 万吨增长至 2021 年的 1575 万吨。目前煤制烯烃有两种路径。第一种是煤制合成气，合成气合成甲醇后，再转换为低碳烯烃。该法目前已有多种成熟工艺用于工业生产，典型的工艺有甲醇制烯烃（MTO）和甲醇制丙烯（MTP）。国外典型的 MTO 工艺技术主要有霍尼韦尔 UOP 公司的 MTO 工艺、埃克森美孚（Exxon-Mobil）的 MTO 工艺、鲁奇（Lurgi）的 MTP 工艺，国内代表性工艺技术包括大连化物所 DMTO 工艺、中石化 SMTO 技术、清华大学 FMTP 工艺和神华集团公司 SHMTO 工艺。2010 年 8 月，神华集团采用中国科学院大连化学物理研究所开发的甲醇制烯烃（DMTO）技术，在包头建成了世界上首套煤制烯烃工业装置（规模 60 万吨每年）并顺利投产。大连化物所的 DMTO 工艺已经升级到第三代甲醇制烯烃（DMTO-Ⅲ）技术，利用 DMTO-Ⅲ 技术，甲醇转化率可达 99.06%，乙烯和丙烯的选择性（质量分数）可达 85.90%，吨烯烃（乙烯＋丙烯）甲醇单耗为 2.66 吨。宁夏宝丰能源集团率先应用第三代技术建成甲醇制烯烃项目，见图 3-32。

第二种是合成气一步法制烯烃。2021 年，中国科学院大连化学物理研究所与陕西延长石油有限责任公司在陕西榆林进行了煤经合成气直接制低碳烯烃技术的工业中试试验，采用"合成气高选择性转化制低碳烯烃"OX-ZEO 原创性基础研究成果，实现 CO 单程转化率超过 50%，低碳烯烃（乙烯、丙烯和丁烯）选择性高于 75%，催化剂性能和反应过程的多项重要参数超过设计指标，总体性能优于实验室水平。

（3）煤制芳烃

煤制芳烃与煤制烯烃类似，也有两种路径：一种是煤制得合成气，合成气转化为甲醇后再合成芳烃的甲醇制芳烃技术（methanol to aromatics，MTA）；另一种是煤制得合成气后，通过合成气一步法制芳烃技术（syngas to aromatics，STA）。

MTA 主流工艺技术有固定床和流化床两种，分别为中国科学院山西煤炭化学研究所（简称山西煤化所）开发的 ICC-MTA 工艺和清华大学 FMTA 工艺。中石化上海石油化工研究院开发了流化床和固定床串联的

SMTA 工艺。我国第一套甲醇制芳烃装置——内蒙古庆华集团 10 万吨每年甲醇制芳烃装置于 2012 年试产成功，采用山西煤化所的固定床工艺技术。随后山西煤化所又开发出两段固定床 ICC-MTA 工艺，并于 2017 年完成百吨级中试试验，该技术的甲醇转化率接近 100%，液相烃中的芳烃选择性为 83%，折合碳基产率约 60.0%。清华大学提出的 FMTA 工艺将甲醇制芳烃流化床反应器与流化床催化剂再生器相连，实现甲醇芳构化与催化剂再生的连续循环操作，于 2013 年 1 月完成了万吨级工业试验。试验结果显示，甲醇转化率接近 100%，芳烃的烃基收率达到 74.47%，合吨芳烃甲醇消耗为 3.07 吨。中石化上海石油化工研究院的 SMTA 工艺于 2021 年 8 月完成工业试验，甲醇转化率超过 99.9%，芳烃产率（碳基产率）达到 78.69%。

相较于 MTA 技术，STA 技术工艺流程短，可有效降低整体工艺过程的能耗和成本，因此被认为是一项非常有前景的技术。我国 STA 技术目前仍处于实验室研究阶段，例如清华大学魏飞团队开发的流化合成气一步法制芳烃工艺采用开发的新型催化剂，在 $250 \sim 400℃$ 和 $2 \sim 5MPa$ 下，通过芳烃池的引入打破原有安德森-舒尔茨-弗洛里（Anderson-Schulz-Flory，ASF）分布的限制，CO 转化率大幅提高，总芳烃的烃基选择性达 83.3%。厦门大学王野教授团队设计出 Zn 掺杂 ZrO_2/H-ZSM-5 双功能催化剂，实现了合成气一步法高选择性、高稳定性制备芳烃，可获得较高的 CO 转化率（> 20%）和芳烃选择性（约 80%）。国内对合成气直接制芳烃技术的研究仍处于实验室研究阶段。

（4）甲醇甲苯耦合制对二甲苯联产低碳烯烃

对二甲苯（PX）是芳烃产品中最受关注的产品之一，主要用于制对苯二甲酸（PTA），进而生产聚对苯二甲酸乙二醇酯（PET）、生物可降解塑料等。2020 年我国 PX 的产量为 1890 万吨。由于 PX 产量不能满足下游 PTA 的生产需求，2020 年我国 PX 的进口量为 1386 万吨，对外依存度高达 42.3%。在石油化学工业中，PX 通过石脑油催化重整得到，芳烃联合装置生产的二甲苯混合物中 PX 的浓度仅为 24%，还需经过甲苯歧化、烷基化、异构化等增加 PX 的产量。中国科学院大连化学物理研究所开发的甲醇甲苯耦合制对二甲苯联产低碳烯烃技术，可以实现煤化工与石油化工的有机结合，在实现甲醇甲苯选择性烷基化制 PX 反应的同时，利用甲苯及其烷基化产物（二甲苯、三甲苯等芳烃产物）等芳烃物种促进按照"烃池"机理进行的甲醇转化制烯烃（特别是乙烯）反应的发生，从而实现在一个反应过程中同时高选择性地生产 PX 和低碳烯烃（乙烯和丙烯）。甲醇甲苯耦合制对二甲苯联产低碳烯烃技术路线的甲醇转化率为 83.0%，甲苯转化率为 24.4%，乙烯＋丙烯＋丁烯＋对二甲苯选择性（质量分数）为 79.2%，二甲苯中对二甲苯选择性为 93.2%。其应用领域包括对现有芳烃联合装置进行改造，增设甲醇甲苯选择性烷基化单元，可增产 PX 约 20%。由于采用择形催化剂，二甲苯产品中 PX 选择性高，显著降低了 PX 分离的能耗，降低了装置的运行成本。利用该技术，也可以在我国中西部地区，利用煤基甲醇和甲苯资源，新建甲醇甲苯制 PX 联产烯烃装置，可在生产 PX 的同时联产乙烯，为聚酯的生产同时提供两种基本原料。甲醇甲苯耦合制对二甲苯联产烯烃技术中，甲醇和甲苯原料配比、产品（PX 和低碳烯烃）分布灵活，可应用于不同领域。

（5）甲醇石脑油耦合裂解制低碳烯烃

大连化学物理研究所在甲醇制烯烃（DMTO）技术基础上，创新性地开发了甲醇石脑油耦合裂解制低碳烯烃的技术（图 3-33）。该技术将石脑油原料和甲醇原料耦合利用，通过相同的分子筛催化剂经过催化反应制取烯烃，具有明显的理论合理性和技术先进性：不仅能够在反应过程中直接实现吸热／放热平衡，提高整个体系的能量利用效率，增加产品收率，还可在同一反应器中耦合使用煤化工（甲醇）与石油化工（石脑油）的基本原料，推动行业协同发展。高性能耦合催化剂设计，突破传质扩散限制，实现活性调控，同时将甲醇和石脑油高选择性转化为烯烃产品；配合新型流化反应工艺，使强放热反应和强吸热反应充分原位耦合，大幅提高原料利用率。利用甲醇转化反应的特点，促进石脑油在较低温度（＜650℃）下催化裂解，降低甲烷产率，提高原料利用率，达到热量平衡，降低反应能耗（比蒸汽裂解低约1/3）。该技术可以直接改造传统石油化学工业中能耗最为严重的烯烃工厂，大幅降低烯烃生产能耗；并且采用煤化工生产的甲醇替代部分石脑油原料，提高大型传统石油化学工业烯烃工厂原料的灵活性。

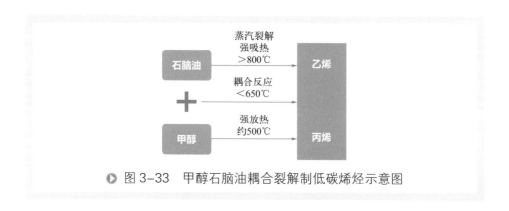

● 图 3-33　甲醇石脑油耦合裂解制低碳烯烃示意图

（6）煤基生物降解塑料

2020 年我国塑料制品总产量为 7603.2 万吨，产生的塑料废弃物约 6000 万吨，其中 26.7% 被回收再利用，36.6% 被焚烧处理，36.7%（2200 万吨）被填埋或随意丢弃（具体见图 3-34）。我国一直十分重视塑料污染的防治，《中华人民共和国固体废物污染环境防治法》明确规定，国家依法禁止、限制生产、销售和使用不可降解塑料袋等一次性塑料制品；国家鼓励和引导减少使用、积极回收塑料袋等一次性塑料制品，推广应用可循环、易回收、可降解的替代产品。随着我国禁塑政策法规的出台和逐步落地，农用地膜、一次性塑料餐具、一次性塑料袋和包装塑料等重点领域为实现生物可降解塑料的大幅替代，将释放大量市场新需求。据估算，到 2025 年，我国生物可降解塑料市场需求量将达到 693 万吨，2030 年则将增长为 1386 万吨（图 3-34）。

煤基生物降解塑料主要有 PBAT（聚己二酸 / 对苯二甲酸丁二醇酯）、PBST（聚对苯二甲酸 - 共 - 丁二酸丁二醇酯）、PBS（聚丁二酸丁二醇酯）、

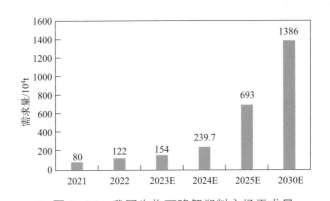

图 3-34 我国生物可降解塑料市场需求量

（数据来源：华西证券研究所，中国可降解塑料行业分析报告）

PGA（聚乙醇酸）、PPC（聚碳酸亚丙酯）、PCL（聚己内酯）等，具体合成路线如图 3-35 所示。

以煤炭生产聚乙醇酸（PGA）为例，PGA 是脂肪族热塑线性聚酯中生物可降解速度最快的聚合物，其降解不需特殊条件，并能在海水中降解，降解后可完全分解为二氧化碳和水。由于其气体阻隔性优异、力学强度较高，且具有优良的生物兼容性和生物可降解性，同时还具有一定的可加工性能，故广泛应用于包装领域、特种工程塑料领域和生物医疗领域等。国内制备 PGA 的单体乙醇酸主要采用草酸二甲酯加氢法。草酸二甲酯加氢法采用煤气化得到合成气，合成气分离获得的 CO 与亚硝酸甲酯反应得到草酸二甲酯（DMO），DMO 与氢气反应生成乙醇酸甲酯，乙醇酸甲酯水解得到乙醇酸。2022 年 9 月，国家能源集团榆林化工公司 5 万吨每年 PGA 生物可降解材料示范项目正式建成投产，这是世界首套万吨级煤基 PGA 生产装置，标志着 PGA 在国内将正式步入大规模低成本生产阶段。据相关机构测算，当煤炭价格为 1022 元每吨时，PGA 生产成本为 10111 元每吨；自产煤炭价格为 165 元每吨时，PGA 生产成本为 6681 元每吨，在价格上甚至可以与聚丙烯和聚乙烯竞争。

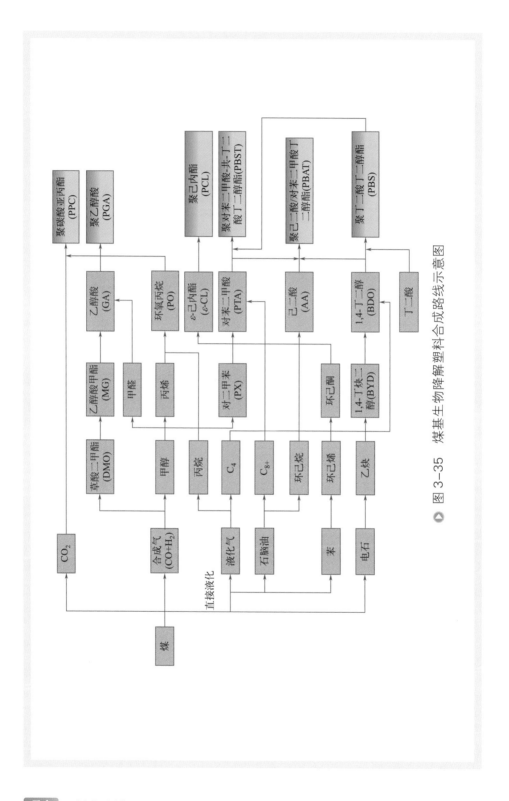

图 3-35　煤基生物降解塑料合成路线示意图

我国煤炭资源丰富，煤化工生产可降解材料不仅原料充足，还能降低可降解材料的成本，更有利于传统塑料等"白色污染"的治理，保护环境。

3.3.3.2 煤化工与绿氢耦合

现代煤化工在生产过程中为满足下游产品的要求，要通过水煤气变换调整氢碳比，导致大量 CO_2 排出。通过光伏、风能等可再生能源或核能制取绿电，再进一步电解水得到绿氢，与煤化工的生产过程相结合，利用绿氢把煤炭中的碳原子最大限度地转化为产品，不仅节约煤炭消耗，并且大量减少 CO_2 排放。这样不仅能充分发挥煤化工的行业优势，又可以氢气为纽带，实现非化石能源与煤化工耦合，从而大幅降低煤化工碳排放。煤化工与可再生能源融合路径如图 3-36 所示。

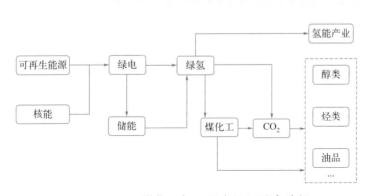

● 图 3-36 煤化工与可再生能源融合路径

下面以煤制烯烃为例说明氢与煤化工融合的碳减排效果。传统煤制烯烃主要的碳排放环节来自为满足甲醇合成要求的氢碳比而设置的变换单元，发生的主要反应是 CO 和 H_2O 反应生成 CO_2 和 H_2。在煤制烯烃过程绿色低碳发展要求的背景下，绿色氢能将成为煤基能源与新能源之间的桥梁，对煤制烯烃碳减排起到至关重要的作用。未来应更充分发挥煤炭资源富含碳的原料优势，通过可再生能源制氢与煤炭的碳资源结合，在生产相同产品产量的情况下，可大幅降低煤炭消费总量，同时大幅减少水煤气变换过程产生的大量高纯 CO_2，提高煤炭中的碳资源利用率，降低煤制烯烃过程 CO_2 排放强度。如果绿氢足够丰富，甚至能够实现该过程的零排放。

采用碱性电解水制氢技术，当绿氢 50% 和 100% 替代（替代比例指绿氢占合成甲醇需要的全部氢气的比例），烯烃产量 60 万吨每年，原料煤价格 800 元每吨，电价为 0.65 元 /（kW·h）时，煤制烯烃各参数变化如图 3-37 所示。当绿氢 50% 替代时，原料煤成本减少 33.3%，吨烯烃加工成本增加 76.2%，吨烯烃碳排放降低 43%；当绿氢 100% 替代时，原料煤成本减少 58.6%，吨烯烃加工成本增加 147.5%，吨烯烃碳排放降低 75.6%。

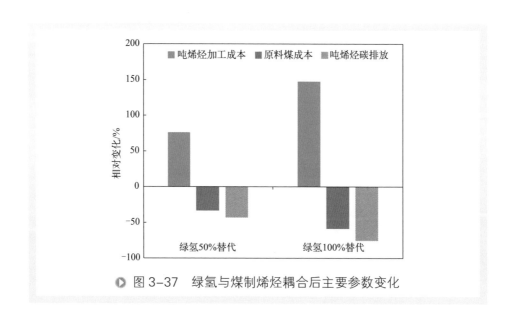

▶ 图 3-37　绿氢与煤制烯烃耦合后主要参数变化

3.3.4　技术发展路线

煤炭是我国消费能源的主体，在工业快速发展的几十年里作出了巨大贡献。现代煤化工是煤清洁高效利用的一种方式，对促进传统煤炭行业转型升级、减少煤炭大规模消费带来的环境污染问题意义重大。通过新技术、新模式破除煤化工领域与其他领域间条块分割、互相独立的技术和体制壁垒，促进煤化工与石油化工、可再生能源等不同过程之间的能量流、物质流和信息流的互补融合，全面提高煤炭可持续发展能力，对增强我国能源安全保障水平，支撑我国经济社会可持续发展意义重大。煤制含氧化合物、煤制烯烃、煤制芳烃、甲醇甲苯耦合制对二甲苯联产低碳烯烃、甲醇石脑油耦合裂解制低碳烯烃、煤基生物降解塑料、煤化工与绿氢耦合等实现煤化工与其他能源耦合发展的典型技术路线图如图3-38所示。

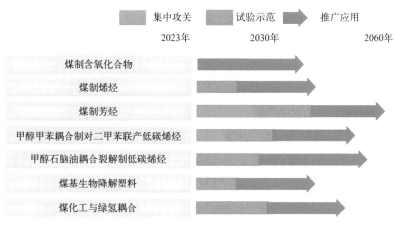

▶ 图3-38 煤化工与其他能源耦合发展的技术路线图

第4章

可再生能源规模应用与先进核能

实现"双碳"目标必须稳步改变我国以煤为主的能源结构，大力发展可再生能源和安全先进核能，实现非化石能源的多能互补和规模应用。

可再生能源的高比例、大规模利用将会对现有能源体系产生巨大冲击，特别是风能、太阳能等可再生能源与生俱来存在能量密度低、波动性强等问题，仅靠单项技术的进步难以完全解决，需从能源系统整体角度加以考虑。可再生能源的大规模应用必须考虑多种能源的系统融合，以风、光资源作为发电和供能的主力资源，以核电、水电和其他综合互补的非化石能源为"稳定电源"，以少量的火电作为应急电源或者调节电源，通过可再生能源功率预测技术、电力系统稳定控制技术、电力系统灵活互动技术等构建新型电力系统管理和运行体系。

储能技术可有效平抑大规模可再生能源发电入网带来的波动性，促进电力系统运行的电源和负荷平衡，提高电网运行的安全性、经济性和灵活性。根据2021年国家发改委和国家能源局发布的《关于加快推动新型储能发展的指导意见》，2025年新型储能技术的装机规模达到3000万千瓦以上，2030年实现新型储能全面市场化发展。除电化学储能、机械储能、电磁储能以外，氢能也是一种广义上的储能方式，利用可再生能源、高温核能等制取的绿氢，可以实现电力的长时间存储，并推进可再生能源向物质的转化。氢作为能源的载体，可为能源的储、运、用等环节提供一系列新的解决方案。

4.1 可再生能源领域

当前全球能源生产与消费革命不断深化，能源系统持续向绿色、低碳、清洁、高效、智慧、多元方向转型。在能源革命的进程中，我国"碳达峰、碳中和"目标对可再生能源发展提出了明确要求，"十四五"规划和2035年远景目标纲要也对可再生能源发展提出了明确任务。随着能源绿色低碳转型深入推进，我国将逐步降低对煤炭、石油等化石能源的高度依赖。为实现"双碳"目标，达成对国际社会的庄严承诺，我国将大力推动可再生能源大规模、高比例、高质量、市场化发展，着力提升新能源消纳和存储能力，积极构建以新能源为主体的新型电力系统，健全完善有利于全社会共同开发利用可再生能源的体制机制和政策体系，有力推动可再生能源从补充能源向主体能源转变，支撑清洁低碳、安全高效能源体系建设。

4.1.1 宏观现状态势

（1）国际现状

在能源清洁化、低碳化需求的推动下，世界各国能源体系正在从化石能源绝对主导向低碳多能融合方向转变。近十年来，全球可再生能源装机呈现逐年攀升态势。随着俄乌冲突的爆发，能源安全问题受到各国高度重视，大力发展可再生能源，减少化石能源进口成为各国普遍选择。2012—2022年全球可再生能源装机及发电量趋势见图4-1。

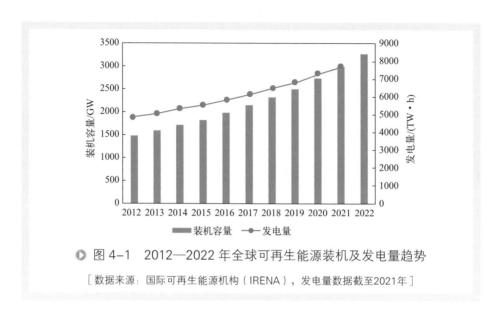

图 4-1 2012—2022 年全球可再生能源装机及发电量趋势

[数据来源：国际可再生能源机构（IRENA），发电量数据截至2021年]

2022 年全球可再生能源装机容量约 33.72 亿千瓦，新增装机约 2.95 亿千瓦。其中，太阳能发电新增约 1.92 亿千瓦，占比约 65%；风电新增约 0.75 亿千瓦，占比约 25.4%。风能和太阳能发电装机容量占全球可再生能源装机总量的一半以上（图 4-2）。

图 4-2 2022 年全球可再生能源装机结构

（数据来源：IRENA）

如图 4-3 所示，2021 年全球可再生能源发电总量为 7.86 万亿千瓦时。水电约占 55%（4.4 万亿千瓦时），其次是风电（1.84 万亿千瓦时）、太阳能发电（1.03 万亿千瓦时）、生物质发电（6140.3 亿千瓦时）、地热能（952.51 亿千瓦时）和海洋能（9.70 亿千瓦时）。其中，中国、美国、巴西、加拿大、印度位居前五位。

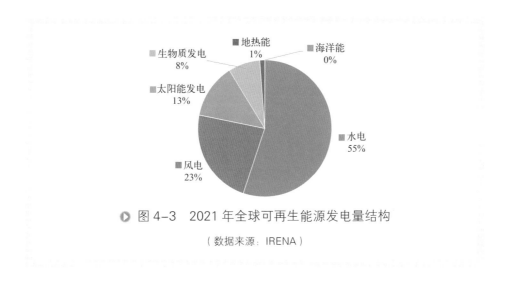

● 图 4-3　2021 年全球可再生能源发电量结构

（数据来源：IRENA）

（2）国内现状

如图 4-4 所示，近十年，我国可再生能源呈现稳步提升发展态势。"十三五"以来，我国非化石能源消费增量占到一次能源消费增量的 40%，较"十二五"期间的增量占比上升了 14 个百分点。"十四五"开局我国依旧把非化石能源放在能源发展优先位置，大力推动可再生能源大规模、高比例、高质量、市场化发展。

现阶段，我国锚定碳达峰碳中和目标任务，加强行业顶层设计，加快推进大型风电光伏基地等重大项目建设，努力推动可再生能源高质量跃升发展。2022 年，我国可再生能源新增装机量创历史新高，发电量稳步增长，持续保持高利用率水平。截至 2022 年底，我国可再生能源装机达到 12.13 亿千瓦，占全国发电总装机的 47.3%。风电、光伏发电当年新增装机 1.52 亿千瓦，占全国新增发电装机的 76.2%。可再生能源发电量达到 2.7 万亿千瓦时，占全社会用电量的 31.6%，较 2021 年提高 1.7 个百分点。此外，我国主要流域水能利用率达到 98.7%，风电平均利用率达到 96.8%，光伏发电平均利用率达到 98.3%。2022 年电源装机结构见图 4-5。

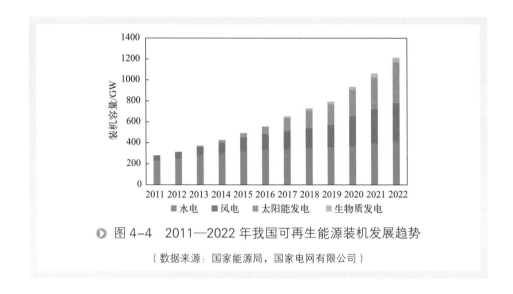

图 4-4　2011—2022 年我国可再生能源装机发展趋势

（数据来源：国家能源局，国家电网有限公司）

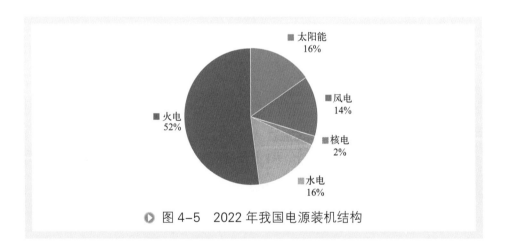

图 4-5　2022 年我国电源装机结构

4.1.2　行业发展趋势

（1）太阳能发电

根据 IRENA 历年数据，近十年来全球太阳能装机量和发电量保持同步上升趋势（具体见图 4-6 和图 4-7），一方面是由于世界各国对低碳能源使用的重视程度不断提高，另一方面也获益于技术的不断创新。2022年，全球可再生能源发电装机约 33.72 亿千瓦。其中，太阳能装机累计达到 10.53 亿千瓦，新增发电装机 1.92 亿千瓦，继续居可再生能源首位。

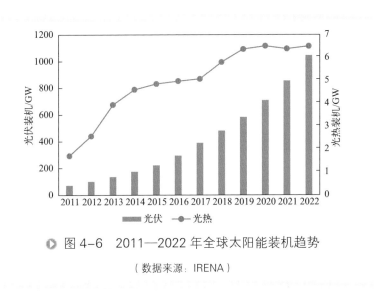

图 4-6　2011—2022 年全球太阳能装机趋势

（数据来源：IRENA）

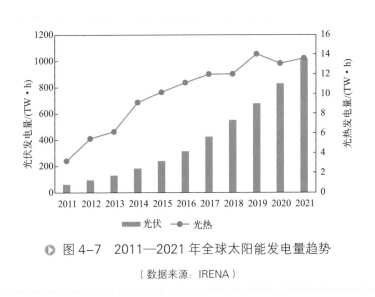

图 4-7　2011—2021 年全球太阳能发电量趋势

（数据来源：IRENA）

"十四五"开局以来，我国光伏装机保持快速增长，光伏发电成本保持下降趋势，平价上网项目稳步推进，户用光伏成为主要发展方向；光热发电技术持续稳步发展，青海、甘肃、吉林等地陆续启动光热与光伏风电一体化项目（具体见图4-8）。随着科技的不断创新，产业的不断完善，太阳能发电装机量、发电量、设备利用小时数等都在稳步上升。2022年，太阳能发电累计装机达到3.93亿千瓦，新增8741万千瓦，分布式发电成为主要方式。

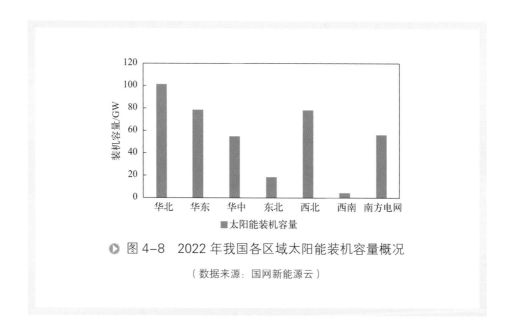

图4-8　2022年我国各区域太阳能装机容量概况

（数据来源：国网新能源云）

（2）风电

随着低碳能源理念的深入和技术的进步，全球对风能的开发利用量不断提升，陆上风电和海上风电的装机量和发电量在近十年间稳步攀升（具体见图4-9和图4-10）。2022年，全球风电装机新增约0.75亿千瓦，累计装机达到8.99亿千瓦。其中，中国装机量及发电量位居世界首位。全球海上风电装机在2022年达到0.63亿千瓦，中国海上风电装机增量超全球的50%，超越英国成为全球海上风电累计装机最多的国家。

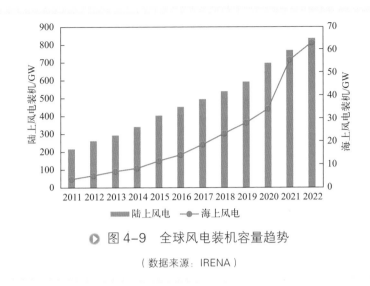

图 4-9　全球风电装机容量趋势

（数据来源：IRENA）

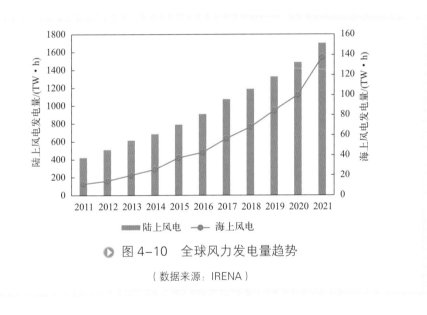

图 4-10　全球风力发电量趋势

（数据来源：IRENA）

截至 2022 年底，我国风电并网装机突破 3 亿千瓦，已连续 12 年稳居全球第一。风电发展已逐渐步入大型化、高效化、规模化、平价化阶段，成本持续下降，消纳情况稳步好转，核心关键器件国产化程度提升，产业链安全性得到保障。分区域来看，华北和西北占绝大多数，具体见图 4-11。

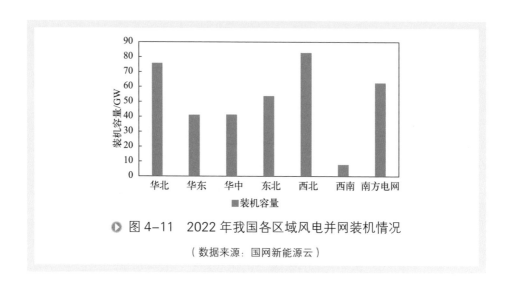

▶ 图 4-11　2022 年我国各区域风电并网装机情况

（数据来源：国网新能源云）

（3）水电

受地理环境和气候条件影响，全球水能资源分布不均匀。全球可再生水电装机容量及发电量趋势见图 4-12。从资源技术可开发量分布来看，亚洲占 50%，南美洲占 18%，北美洲占 14%，欧洲占 8%，非洲占 9%，大洋洲占 1%。十多年以来，全球水电呈现缓慢提升发展态势。2022 年，

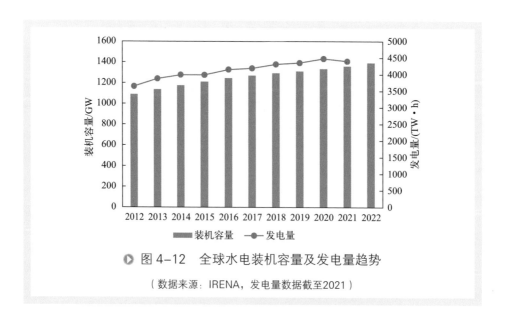

▶ 图 4-12　全球水电装机容量及发电量趋势

（数据来源：IRENA，发电量数据截至2021）

全球常规水电装机容量达到12.56亿千瓦，中国常规水电装机容量以3.68亿千瓦处于世界领先地位，其次是巴西（1.1亿千瓦）、美国（0.84亿千瓦）、加拿大（0.83亿千瓦）、俄罗斯（0.51亿千瓦）。

十年以来，我国水电建设呈现稳步发展的态势。根据《水电发展"十三五"规划》，我国已在西南地区以四川、云南和西藏为重心积极推进大型水电基地开发，不断推进开展金沙江、雅砻江和大渡河等水电基地建设工作。2022年，水电新增装机2250万千瓦，装机容量突破4亿千瓦，占总装机容量的16.1%；全年水电发电量为13550亿千瓦时，占总发电量的15.6%。2022年区域水电装机容量见图4-13。

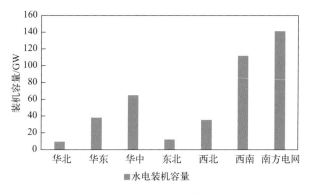

图4-13　2022年我国区域水电装机容量

（数据来源：国网新能源云）

（4）生物质能发电

全球生物质资源储量非常丰富，生物质发电逐年稳步发展（具体见图4-14）。美国农业部和欧盟专业委员会报告显示，全球农林剩余物总量以能量密度折算基本和全球燃料油的消耗相当。目前全球每年生产的生物质资源约数十亿吨，但其中只有相对很小的一部分得到了开发利用，其余大部分被燃烧或自然降解。

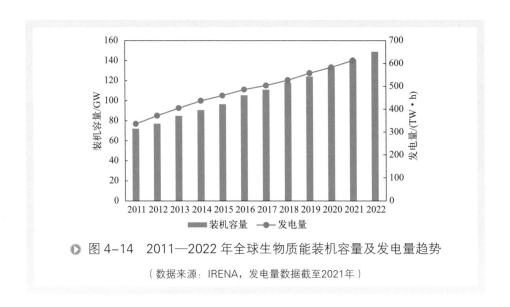

图 4-14　2011—2022 年全球生物质能装机容量及发电量趋势

（数据来源：IRENA，发电量数据截至2021年）

我国生物质能技术正在向不断成熟的方向发展（具体见图 4-15）。目前我国生物质发电以直燃发电和垃圾焚烧发电为主。2022 年，我国生物质发电装机达到 4100 万千瓦，约占装机容量的 1.61%，其中新增装机为 334 万千瓦。

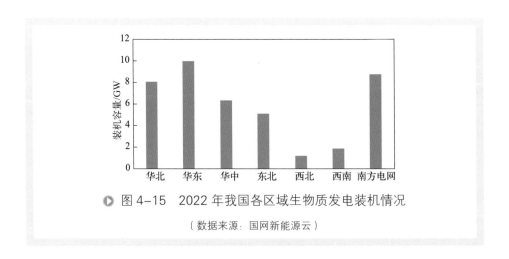

图 4-15　2022 年我国各区域生物质发电装机情况

（数据来源：国网新能源云）

（5）地热能及海洋能发电

十多年以来，地热能及海洋能虽然不如风、光等可再生能源发展快速，但其依旧保持平稳发展态势，装机量和发电量逐年小幅提升。

在地热能发电方面，欧美等发达国家通过政府引导开展了关键技术研发和大量工程实践，目前已形成较完备的干热岩开发技术体系。2011—2022 年全球地热能装机容量及发电量趋势如图 4-16 所示。

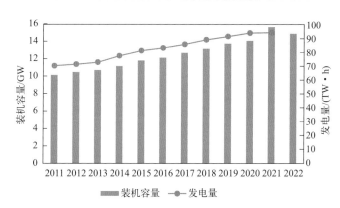

◐ 图 4-16　2011—2022 年全球地热能装机容量及发电量趋势

（数据来源：IRENA，发电量数据截至2021年）

2016 年至今海洋能发电呈现波动式发展，2022 年全球海洋能发电装机容量约 52.3 万千瓦。正在建设的潮汐能和波浪能项目可能在未来 5 年内再增加 300 万千瓦的装机容量，其中大部分在欧洲（55%）、亚太地区（28%）以及中东和非洲（13%）。具体见图 4-17。

我国地热资源以水热型为主，开发利用潜力很大，现阶段发展的主要方向是地热能供暖。2022 年我国地热能及海洋能发电装机情况见表 4-1。我国地热能直接利用（非电利用）呈加速发展趋势，装机容量为 4060 万千瓦，占全球的 38%，位居世界第一，是排名第二的美国的两倍。但是，利用效能高的地热发电，在我国由于资源分布、技术经济等原因规模较小、进展缓慢。海洋能发电方面，现阶段我国技术发展较快的主要是潮汐能和波浪能。

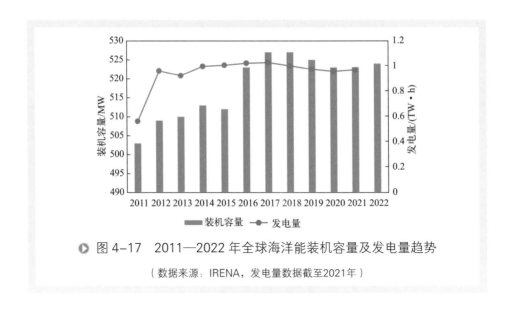

图 4-17　2011—2022 年全球海洋能装机容量及发电量趋势

（数据来源：IRENA，发电量数据截至2021年）

表4-1　2022年我国地热能及海洋能发电装机情况

类别	区域	装机容量/MW	装机容量占比/%
地热能发电	西藏	43.2	0.83
海洋能发电	浙江	5.8	0.01

数据来源：国网新能源云。

4.1.3　关键技术问题

（1）太阳能发电

现阶段，我国太阳能利用技术具有较强的国际竞争力，大部分技术领先国际并已进入工业示范阶段。光伏发电技术整体处于国际领跑地位。电池及组件技术转换效率快速提升，晶硅电池、薄膜电池最高转换效率多次刷新世界纪录；塔式、槽式、菲涅耳式等太阳能热发电技术进入商业化示范阶段，建立了完整技术产业链，初步具备产业化发展基础。未来，高效太阳能电池研究、"光伏＋"场景材料研究、高参数太阳能热发电材料及系统集成研究等亟待突破。

（2）风电

2022 年，我国陆上 6 兆瓦级、海上 10 兆瓦级风机已成为主流，低风速风电技术取得突破性进展，风电机组高海拔、低温等特殊环境的适应性、并网友好性显著提升。但是随着风力发展不断远海化、规模化、集成化，超大型机组及关键部件研发、深海大容量涡轮机等关键部件的研究设计、大功率机组系统优化设计控制等技术仍需创新。

（3）水电

我国已自主研发和制造了世界最大单机水轮发电机组，筑坝技术、地下工程等关键技术居世界前列，已完成规划、设计、施工、装备制造、运行维护等全产业链高水平整合能力建设。但我国水电可开发潜力有限，主要集中在西南地区，且综合开发成本较高、工程难度较大。未来，超高水头超大容量抽水蓄能机组技术、流域梯级水库联合优化调度运行技术等仍是研究重点。

（4）生物质能

现阶段我国生物质各项技术处于国际并跑或跟跑水平。目前我国生物质发电以直燃发电和垃圾焚烧发电为主，生物质成型燃料产业仍处于发展初期。未来，生物质燃料制备、原材料处理及高效转化与成套设备的研制、生物基化学品技术成熟度提升等技术仍是研究的重点方向。

（5）地热能

现阶段我国浅层地热能、中深层水热直接利用技术日趋成熟。未来在政策支持的基础上，需加大力度攻关制约地热能多元化规模利用的关键问题，重点发展中深层地热能开发利用技术，积极开发地热评价技术、高效换热技术等，完善地热发电、热电联供等综合技术的应用，提升产业链水平。

（6）海洋能

现阶段，我国技术发展较快的主要是潮汐能和波浪能，潮流能技术总体水平提升较快，温差能利用方面主要集中在提高海洋温差能热力循环效率的研究上，盐差能利用方面进行了一定的理论研究和试验，处于前期研发阶段。未来应在基础研究、关键技术、示范工程、平台建设等方面入手，进行海洋能规模化综合利用技术攻关，加快波浪能和潮流能高效及阵列化装置等关键技术攻关。

此外，由于可再生能源具有地域性、季节性、波动性等特性，除了单项技术不断突破，还须加强多能融合技术的攻关，加强可再生能源 + 应用场景耦合技术研究，开发高效、经济、灵活的多能互补能源系统，加强共性关键技术的研发，优化与储能耦合的分布式能源系统，进行多能融合应用场景的应用示范，布局颠覆性新材料新技术的研发，以保证可再生能源能够稳健发展。

4.1.4 技术发展路线

可再生能源发电技术路线图见图 4-18。传统能源的退出要建立在可再生能源安全可靠替代的基础上，这不仅要求风、光等单项能源技术不断升级并创新，还要求培育耦合性原创技术，实现多种能源综合应用，使不同能源在新型电力系统中发挥作用。

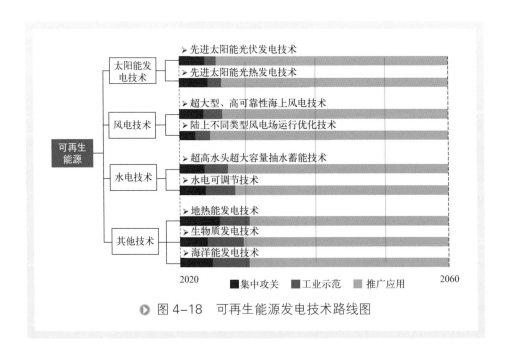

图 4-18 可再生能源发电技术路线图

4.2 核能领域

核能指核反应过程中原子核结合能发生变化而释放出的巨大能量。为使核能稳定输出，必须使核反应在反应堆中以可控的方式发生。铀核等重核发生裂变释放的能量称为裂变能，而氘、氚等轻核发生聚变释放的能量称为聚变能。目前正在利用的是裂变能，聚变能还在开发当中。核裂变与核聚变原理详见图 4-19。目前核能主要的利用形式是发电，未来核能热电联产和核动力等领域将会有较大拓展空间。

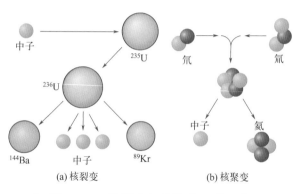

🔘 图 4-19　核裂变与核聚变原理示意图

根据核电技术发展的成熟度，把核电技术分为基于热中子堆的核电技术、以快中子堆为代表的第四代核电技术和受控核聚变技术三类。

早在 1983 年 6 月，我国国务院科技领导小组主持召开专家论证会，就提出了中国核能发展"三步（压水堆—快堆—聚变堆）走"以及"坚持核燃料闭式循环"的战略。从核能所使用的资源角度，所谓的核能发展"三步走"，即：

第一步，发展以压水堆为代表的热堆，利用铀资源中 0.7% 的 ^{235}U，解决"百年"的核能发展问题。

第二步，发展以快堆为代表的增殖与嬗变堆，利用铀资源中 99.3% 的 ^{238}U，解决"千年"的核能发展问题。

第三步，发展聚变堆技术，解决"长期"的能源问题。

从技术和制造能力来讲，目前我国的热堆发展已进入大规模应用阶段，可满足当前和今后一段时期核电发展的基本需要；快堆目前处于技术储备和前期工业示范阶段。

核电的开发和利用，是核工业发展的主线。核电工业产业链包括前端（含铀矿勘查、采冶，铀纯化转化、浓缩，燃料元件生产）、中端（含反应堆建造和运营，核电设备制造）、后端（乏燃料贮存、运输、后处理，放射性废物处理和处置，核电站退役）等环节，如图 4-20 所示。

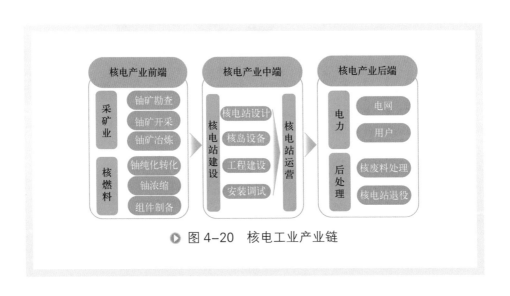

▶ 图 4-20　核电工业产业链

核电站是指通过适当的装置将核能转变成电能的设施，在核电工业产业链中居核心地位，核电站示意图见图 4-21。核电站从建设到退役要历经百年时间，放射性废物处置则需要数万年以上。我国核电发展存在"重中间，轻两头"的情况，随着核电规模化发展，前端和后端能力不足的现象将更加严重。

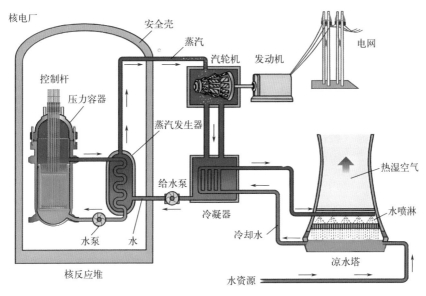

图 4-21 核电站示意图

4.2.1 宏观现状态势

据国际原子能机构（IAEA）统计，截至 2022 年 12 月，全球在运核电机组 422 台，总装机容量 37831.4 万千瓦，全球在建核电机组 57 台，总装机容量 5885.8 万千瓦，在运、在建核电机组分布在 33 个国家和地区。全球主要国家运行反应堆数量及装机容量见图 4-22。美国、法国、俄罗斯及韩国是中国之外的核能大国，核电技术也处于世界先进水平。

2021 年，全球核能发电量为 26533.4 亿千瓦时。全球主要国家 2021 年核电发电量与核电占比如图 4-23 所示。其中美国、中国、法国、俄罗斯、韩国核电发电量排名前五；核电发电量占总发电量比例较高的国家集中在欧洲。法国是世界上核电发电占总发电量比例最高的国家，达到 68.98%。

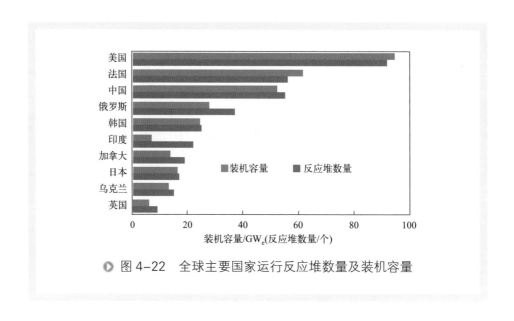

● 图 4-22 　全球主要国家运行反应堆数量及装机容量

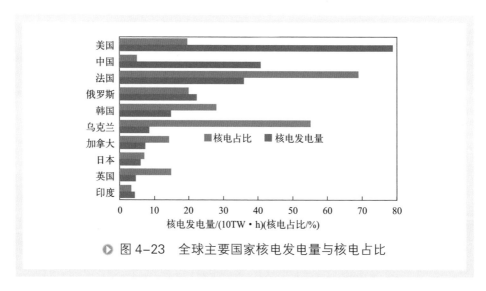

● 图 4-23 　全球主要国家核电发电量与核电占比

我国商用核电机组装机规模持续增长（具体见图 4-24）。根据国家核安全局的统计，截至 2022 年底，我国大陆地区共有在建和运行核电机组 77 台，其中运行机组 55 台，总装机容量 5699.3 万千瓦，仅次于美国、法国，位列全球第三；核准及在建核电机组 22 台，总装机约 2518.8 万千瓦，居全球第一。

图 4-24　我国核电机组装机规模

我国商用核电机组发电量持续增长。据中国核能行业协会统计，2022 年，我国核电累计发电量为 4177.86 亿千瓦时，占比约 4.98%，比 2021 年同期上升了 2.52%；累计上网电量为 3917.9 亿千瓦时，比 2021 年同期上升了 2.45%。

国家发布的多个文件都提到了我国将积极安全有序发展核电事业，在各类电源中，核电安全、稳定、可靠，能够与风电、太阳能发电等新能源协同发展，是构建我国新型电力系统的主力军。

4.2.2　行业发展趋势

随着核能在实现气候目标中的作用得到重视，各核电大国均加大了对核能科技的投入，积极抢占先进核能技术战略制高点。第三代堆和小型模块化反应堆是近期发展的重点；第四代堆核能系统已经初现端倪，将是未来核能利用的主力军；近来，美国能源部实现核聚变"历史性突破"——成功在核聚变反应中实现了净能量增益，尽管离商业化应用还有一定的路要走，但距离人类实现终极能源目标又近了一步。

IAEA 等多家国际机构 2020 年的预测表明：高增长情景下，2030

年全球核电发电量将比 2019 年增长 20%，2050 年全球核电发电量将在 2030 年的基础上继续增长 80%；低增长情景下，到 2040 年，核能发电量将逐渐下降约 10%，然后反弹，到 2050 年仅减少 7%。详见表 4-2。

表4-2　世界核电预测数据

年份		2030		2040		2050	
类型		保守	乐观	保守	乐观	保守	乐观
装机容量	总量/GW$_e$	10722	10722	13272	13272	15978	15978
	核电/GW$_e$	369	475	349	622	363	715
	占比/%	3.4	4.4	2.6	4.7	2.3	4.5
发电量	总量/（TW·h）	34922	34922	43372	43372	51633	51633
	核电/（TW·h）	2657	3682	2774	4933	2929	5762
	占比/%	8.2	10.5	6.4	11.4	5.7	11.2

我国高度重视核能科技的创新工作，把安全高效核能技术列为重点任务，围绕"三步走"战略持续发展核能技术，加强基础研究、原始创新，不断缩小与国际先进水平的差距。

目前，我国自主第三代核电技术落地国内示范工程，并成功走向国际，进入大规模应用阶段。第四代核电技术全面开展研究工作，其中，在钠冷快堆、高温气冷堆及钍基熔盐堆方面处于世界先进水平。聚变能技术方面，我国也已成为世界上重要的研究中心之一。在 EAST 和 HL2A 装置上开展了大量高水平试验研究工作，积累了大量的经验数据。

《我国核电发展规划研究》指出，到 2030 年、2035 年和 2050 年，我国核电机组规模将达到 1.3 亿千瓦、1.7 亿千瓦和 3.4 亿千瓦，占全国电力总装机的 4.5%、5.1%、6.7%，发电量分别达到 0.9 万亿千瓦时、1.3 万亿千瓦时、2.6 万亿千瓦时，占全国总发电量的 10%、13.5%、22.1%。详见图 4-25。

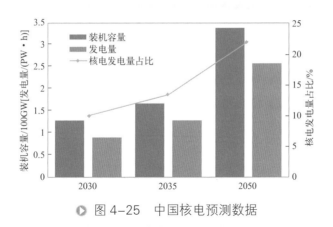

● 图 4-25　中国核电预测数据

　　立足核能发展现状及科技发展趋势的实际情况，应加快突破关键技术，挖掘现役机组潜力，布局未来技术，实现核能的积极安全有序发展，详见图 4-26。

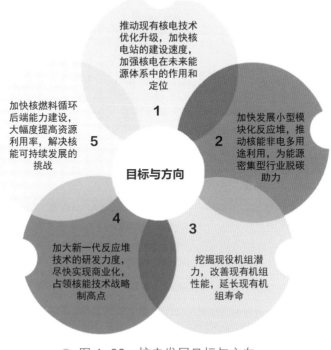

● 图 4-26　核电发展目标与方向

4.2.3 关键技术问题

核电领域长期发展必须面临核电安全利用、核燃料供给及核废料处理等关键问题，但随着核电科技的发展，核电必将成为未来主体能源之一。世界各国应加大投入以解决核电科技领域发展存在的许多重大技术问题，如图 4-27 所示。

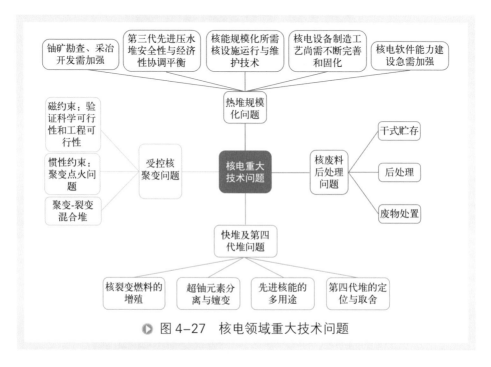

> 图 4-27 核电领域重大技术问题

4.2.4 技术发展路线

基于核能发展"三步走"战略以及国际核能研究最新发展趋势，我国核能发展近中期目标是优化自主第三代核电技术，实现核电安全高效、规模化发展，加强核燃料循环前端和后端能力建设；中长期目标是开发第四代核能系统，大幅提高铀资源利用率、实现放射性废物最小化、解决核能可持续发展面临的挑战，适当发展小型模块化反应堆、开拓核能供热和核动力等利用领域；长远目标则是发展核聚变技术。核能技术发展路线图见图 4-28。

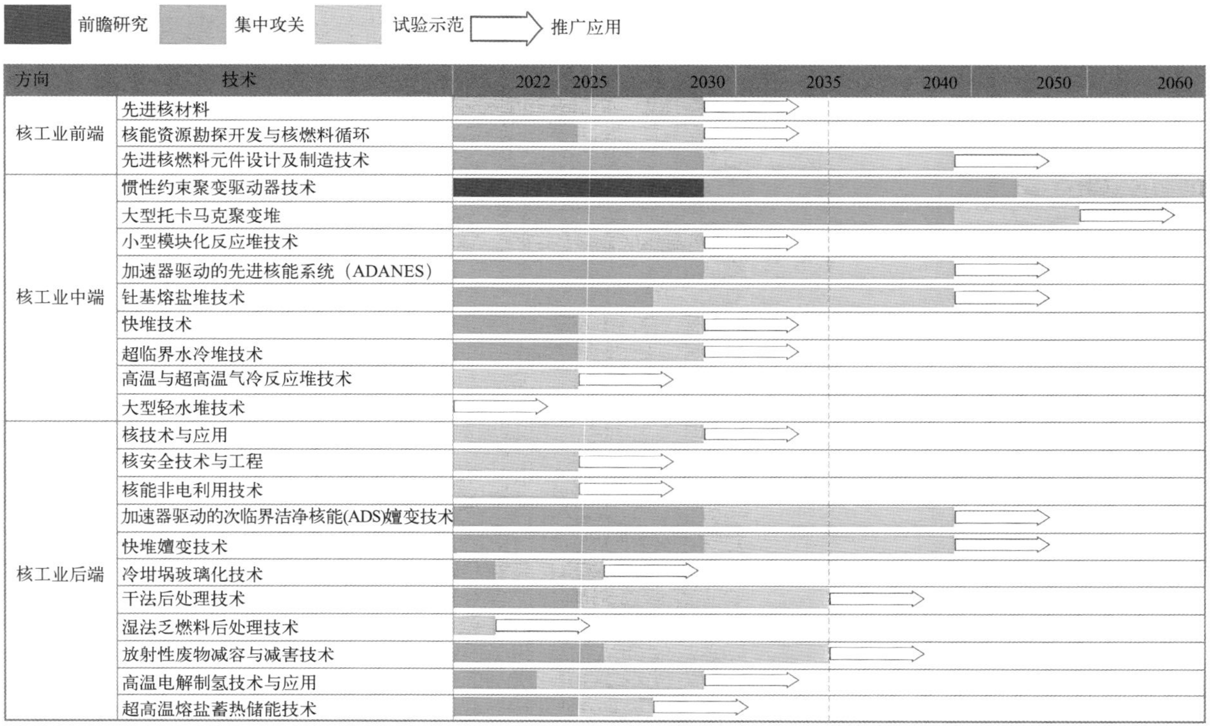

图例：前瞻研究　集中攻关　试验示范　推广应用

核能技术发展路线图

方向	技术	2022	2025	2030	2035	2040	2050	2060
核工业前端	先进核材料							
	核能资源勘探开发与核燃料循环							
	先进核燃料元件设计及制造技术							
	惯性约束卡马变聚变驱动器技术							
	大型托卡马克聚变堆							
	小型模块化反应堆技术							
	加速器驱动的先进核能系统（ADANES）							
核工业中端	钍基熔盐堆技术							
	快堆技术							
	超临界水冷堆技术							
	高温与超高温气冷反应堆技术							
	大型轻水堆技术							
	核技术与应用							
	核安全技术与工程							
	核能非电利用技术							
	加速器驱动的次临界洁净核能(ADS嬗变技术)							
核工业后端	快堆嬗变技术							
	冷坩埚玻璃化技术							
	干法后处理技术							
	湿法乏燃料后处理技术							
	放射性废物减容与减害技术							
	高温电解制氢技术与应用							
	超高温熔盐蓄热储能技术							

◆ 图 4-28　核能技术发展路线图

第5章

储能、氢能与智能电网

5.1 储能领域

5.1.1 宏观现状态势

储能技术是指通过介质将能量存储起来，在需要时再释放出来的一种技术，适用于电力系统发、输、配、用、调度各个环节，可以有效提升可再生能源消纳能力，保证电网稳定安全运行。2021年，中央财经委员会第九次会议提出构建以新能源为主体的新型电力系统。相比传统电力系统，新型电力系统具有"清洁低碳、安全可控、灵活高效、智能友好、开放互动"的特点，而储能正是支持以新能源为主体的新型电力系统的关键和核心技术。储能支撑新型电力系统示意图见图5-1。

根据能量存储方式及存储介质的不同，储能可分为机械储能、电磁储能、电化学储能、热储能和化学储能五大类。依据存储方式与存储介质，典型储能技术的分类如图5-2所示。

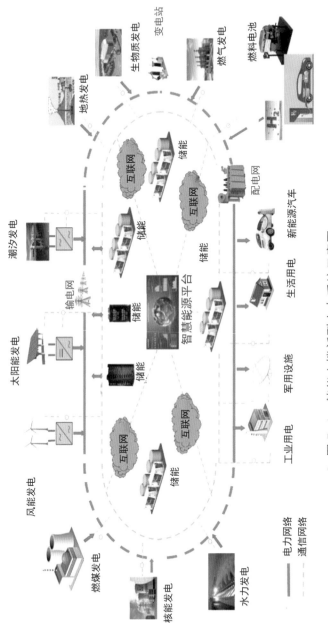

风能发电　太阳能发电　潮汐发电　地热发电

燃煤发电　核能发电　水力发电

生物质发电　变电站　燃气发电　燃料电池

输电网

互联网　储能　互联网

互联网　储能　储能　储能

储能　智慧能源平台　储能

配电网　新能源汽车

工业用电　军用设施　生活用电

—— 电力网络
---- 通信网络

◆ 图 5-1　储能支撑新型电力系统示意图

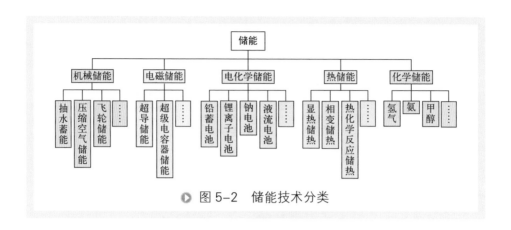

图 5-2 储能技术分类

从整个电力系统的角度看，储能的应用场景可以分为电源侧、电网侧和用户侧三大场景，具体见图 5-3。

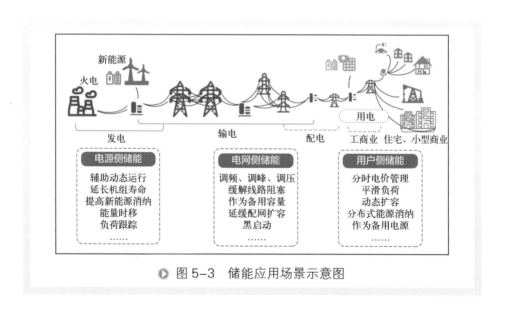

图 5-3 储能应用场景示意图

在电源侧，储能可用于传统发电领域，辅助动态运行。也可用于光伏、风电等可再生能源发电配套，平抑可再生能源的间歇性、不稳定性、波动性。

在电网侧，储能可以提供电力市场的辅助服务，包括系统调频、调峰、调压，作为备用容量等，也可以节约新建投资或延缓配网扩容，从而有效节约电网投资。

在用户侧，储能可应用于工商业峰谷套利、形成动态扩容等。同时也可与分布式能源结合，构建分布式风光储系统，推动分布式能源消纳。

5.1.2　行业发展趋势

截至 2021 年底，全球已投运电力储能项目累计装机规模 209.4GW，同比增长 9.6%。其中，抽水蓄能的累计装机规模占比首次低于 90%，比上一年同期下降 4.1%。新型储能累计装机为 25.4GW，同比增长 67.7%。全球共七个国家实现了新型储能累计装机量超 1GW，分别为美国、中国、韩国、英国、德国、澳大利亚和日本，七国市场份额合计占全球总规模的 89%（图 5-4），其中中、美两国占比合计达到 50%。

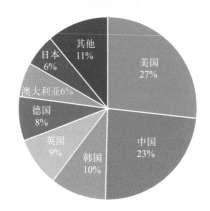

● 图 5-4　全球新型储能市场地区分布

我国已投运储能项目累计规模为 46.1GW，同比增长 30%，占全球总装机规模的 22%。其中抽水蓄能累计装机 39.8GW，所占比重比 2020 年同期下降 3%。市场储能装机增量主要来自新型储能，累计装机规模达到 5729.7MW，相比 2020 年底增长 75%。2021 年我国储能市场技术分布见图 5-5。

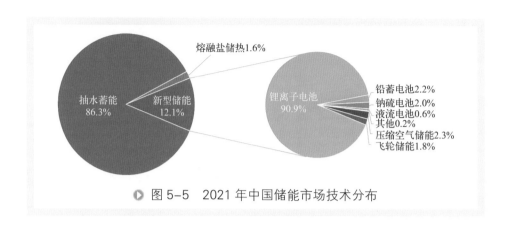

图 5-5　2021 年中国储能市场技术分布

近年来，我国抽水蓄能装机规模稳定增长，截至 2021 年底，累计装机容量已达 39.8GW，位居世界第一，但装机容量占电源总装机容量比例仅为 1.4%，与发达国家仍有一定差距（意大利、美国、日本、德国、法国抽水蓄能在电力系统中的占比分别为 6.6%、2.0%、8.0%、2.7%、4.3%）。

新型储能方面，我国电源侧、电网侧、用户侧储能装机容量逐步增加，截至 2021 年底分别达到 2562.1MW、1438.6MW 和 1728.9MW（图 5-6），同比增长 64.7%、146.3% 和 51.2%。随着我国新能源装机规模与发电量的逐步增加，表前储能应用（电源侧＋电网侧）占比由 2017 年的 39.5% 上涨至 2022 年的 69.8%。

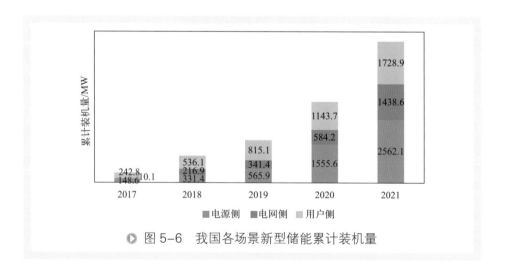

图 5-6　我国各场景新型储能累计装机量

锂离子电池是目前最成熟、应用最广的新型储能技术，占据新型储能装机规模的89.7%。截至2022年，我国锂离子电池储能项目累计装机量5141.2MW，连续五年增幅超过50%，具体见图5-7。

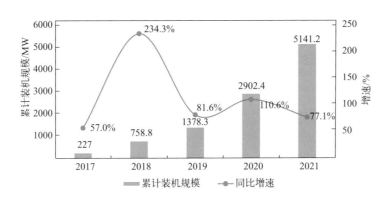

● 图5-7 2017—2021年中国锂电池储能项目累计装机规模及增速

5.1.3 关键技术问题

储能技术分为能量型储能技术与功率型储能技术。能量型储能一般需要较长的放电时间，对响应时间要求不高（如抽水蓄能）；功率型储能一般要求有快速响应能力，但放电时间较短（如超级电容器储能）。实际应用中，需要根据各种场景中的需求对储能技术进行分析，以找到最适合的储能技术。各典型储能技术的参数如表5-1所示。

目前，国内储能行业处于高速发展期，仍有不少问题亟须解决。如图5-8所示，在新型储能技术方面主要面临以下挑战。①成本问题。目前抽水蓄能的度电成本在0.25～0.35元/（kW·h），而新型储能的度电成本均在0.6元/（kW·h）以上，仍需要降低成本以实现新型储能的大

表5-1 典型储能技术及其参数

技术名称	容量应用规模	功率应用规模	响应时间	循环次数	寿命	安全性	能量密度	功率密度	充放电效率
抽水蓄能	GW·h级	GW级	min级	>10000次	40~60年	高	0.2~2W·h/L	0.1~0.3W/L	65%~75%
压缩空气储能	GW·h级	百MW级	min级	>10000次	30~50年	高	3~100W·h/L	0.5~2.0W/L	40%~70%
飞轮储能	MW·h级	几十MW级	ms级	百万次	15~25年	中	10~80W·h/kg	约4000W/kg	80%~95%
超级电容器	MW·h级	几十MW级	ms级	百万次	10~20年	高	2.5~15W·h/kg	1000~10000W/kg	>90%
锂离子电池	百MW·h级	百MW级	ms级	1000~10000次	5~10年	中	60~300W·h/kg	1500~3000W/kg	80%~90%
铅炭电池	百MW·h级	几十MW级	ms级	500~3000次	8~10年	中	40~80W·h/kg	150~500W/kg	75%~85%
钠离子电池	MW·h级	MW级	ms级	约2000次	5~10年	中	100~150W·h/kg	—	80%~90%
钠硫电池	百MW·h级	几十MW级	ms级	约4500次	10~15年	低	150~300W·h/kg	22W/kg	75%~90%
全钒液流电池	百MW·h级	几十MW级	ms级	>10000次	10~15年	高	12~40W·h/kg	50~100W/kg	75%~85%

规模推广应用。②安全性问题。储能电站的安全稳定性一直是电化学储能面临的挑战。2022 年 4 月 26 日，国家能源局发布《关于加强电化学储能电站安全管理的通知》，明确表示要从储能电站的规划设计、设备选型、施工验收、并网验收、运行维护安全管理、应急消防处置能力等诸多领域全面对储能电站的安全管理做好规划。③规模化问题。为应对新型储能系统中的大规模可再生能源并网问题，需实现新型储能规模由百兆瓦级向吉瓦级的跨越。④可靠性问题。需提高储能系统在全生命周期的容量及效率的稳定性，减少储能衰减。⑤寿命问题。目前技术最成熟的储能锂离子电池寿命为 5 ～ 10 年，需进一步推进长寿命的新型储能技术研发以降低全生命周期储能成本。

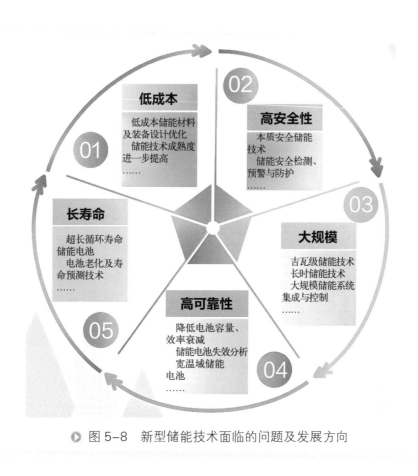

▶ 图 5-8　新型储能技术面临的问题及发展方向

5.1.4　技术发展路线

储能技术发展路线图见图 5-9。

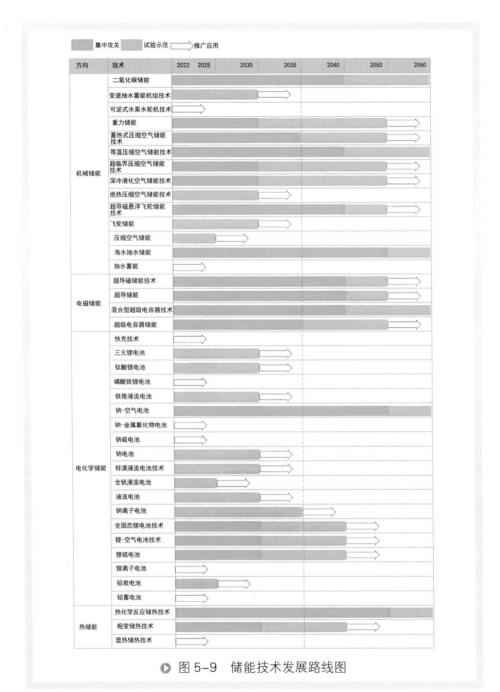

图 5-9　储能技术发展路线图

5.2.1 宏观现状态势

氢能是指氢在物理与化学变化过程中释放的能量，是一种来源广泛、清洁无碳、灵活高效、应用场景丰富的二次能源，可用于储能、发电、各种交通工具用燃料、家用燃料等，有望实现能源系统从化石燃料向可再生能源过渡的可持续发展，因此是未来清洁能源系统的重要组成部分。氢能生态系统见图 5-10。

● 图 5-10 氢能生态系统示意图

（LOHC：液态有机氢载体）

发展氢能是我国应对气候变化、优化能源结构的重要手段，是推动传统化石能源清洁高效利用和支撑可再生能源大规模发展的理想互联媒介，是实现交通运输、工业和建筑等领域大规模深度脱碳的最佳选择。

此外，氢能可以提高我国能源的自主可控程度，减少对进口石油和天然气的依赖，具有重要的战略意义。氢能技术环节如图 5-11 所示。

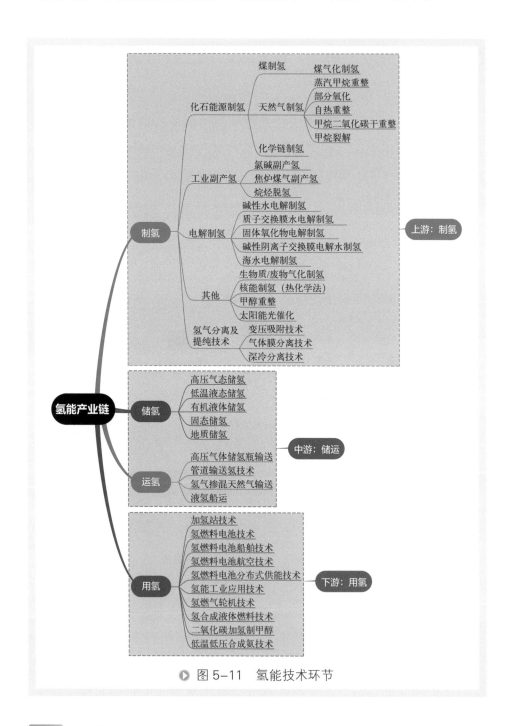

● 图 5-11　氢能技术环节

氢能产业链按照制氢、储氢、运氢、加氢、用氢等分为上中下游。上游是制氢环节，包括氢气的制备和提纯等，主要技术方向有化石能源制氢、工业副产氢、电解水制氢等；中游是氢气的储存和运输环节，主要储氢技术包括高压气态、低温液态和固态材料储氢等，运输氢的技术包括管道输送、天然气掺混氢输送等；下游是用氢环节，氢能的应用范围非常广泛，包括工业、交通运输、建筑和发电等，主要技术方向是直接燃烧和为燃料电池供能，以及作为工业原料和还原剂。

氢气可以采用多种工艺和能源制取，为表述方便，近年来，人们经常用不同的颜色指代氢的来源，例如灰氢、蓝氢、绿氢等（具体见图5-12）。然而，该分类方法难以对所有制氢工艺进行明确量化的区分，即使同一制氢工艺（如电解水制氢）也很难体现为一种颜色。因此，中国氢能源及燃料电池产业创新战略联盟（简称"中国氢能联盟"）提出了全球首个"绿氢"标准——《低碳氢、清洁氢与可再生氢的标准与评价》（T/CAB 0078—2020）。该标准由中国产学研合作促进会于2020年12月29日发布并实施。该标准按照生命周期评价方法对氢气生产过程中的温室气体排放进行评价，将氢分为低碳氢、清洁氢与可再生氢（图5-13）。

氢能的应用领域非常广泛，具体见图5-14。

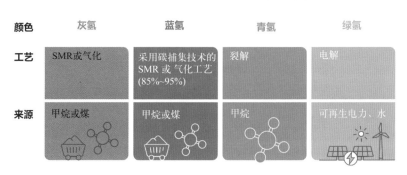

▶ 图 5-12 氢的颜色

（SMR为甲烷蒸汽裂解；青氢为新兴颠覆性碳减排技术）

温室气体排放值
≤14.51kg/kg

温室气体排放值
≤4.90kg/kg

温室气体排放值
≤4.90kg/kg
且采用可再生能源

▶ 图 5-13　低碳氢、清洁氢与可再生氢的标准

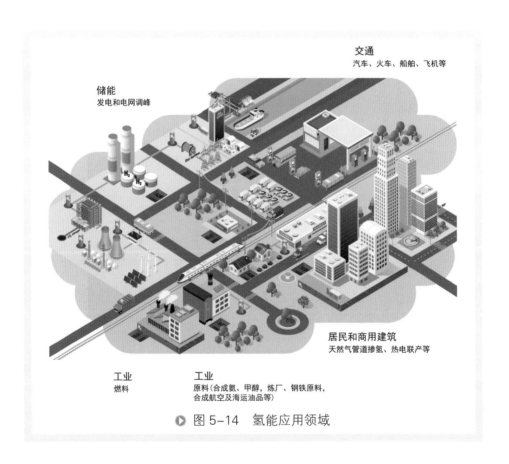

交通
汽车、火车、船舶、飞机等

储能
发电和电网调峰

居民和商用建筑
天然气管道掺氢、热电联产等

工业
燃料

工业
原料（合成氨、甲醇，炼厂、钢铁原料，
合成航空及海运油品等）

▶ 图 5-14　氢能应用领域

在交通领域，氢能通过燃料电池技术，可以为汽车、火车、船舶、飞机等提供动力。其中，燃料电池汽车具有环境相容性好、续航里程长、加注燃料时间短、能量转换效率高、噪声小等优点，已成为新能源汽车技术路线之一。氢气是重要的化工原料气体，能够为石油化工、钢铁、冶金等行业提供高效原料、还原剂以及高品质热源，有着广泛的工业应用。氢能还可以应用于建筑领域，为居民住宅和商业建筑等供电、供暖，通过天然气管道掺氢、热电联产等技术，提供灵活的热能、电力供应，取代化石燃料。除此之外，氢作为储能介质，可以大规模、长时间跨度地存储能量，能够用于发电和电网调峰等终端用途。

5.2.2　行业发展趋势

氢气是一种清洁高效、可再生的二次能源，同时它还具有能量和物质的双重属性，在推动能源和工业体系绿色低碳化转型的过程中具有突出的战略意义。近年来，应对气候变化的脱碳愿景成为大规模部署氢气的最重要驱动力。目前，全球已经有 30 余个国家和地区发布了氢能发展战略，美国、欧盟、日本等主要经济体都把氢能作为未来能源转型的重要突破口。在国际能源署（IEA）的净零排放情景中，氢能将成为未来能源组合中不可或缺的一部分，全球 2050 年低碳清洁氢需求将达到 4.5 亿吨，占终端能源需求的 10% 以上。具体见图 5-15。

2021 年全球氢产量是 9400 万吨（具体见图 5-16），二氧化碳排放超过 9 亿吨。其中，7400 万吨（79%）来自专门的制氢工厂；其余 21% 为混合气体，用于合成甲醇以及冶金。世界范围内，天然气是制氢的主要原料，占比约为 62%；煤制氢占比约为 19%；工业副产氢约为 18%；电解水制氢、耦合 CCUS 的化石燃料制氢等低碳氢生产技术占比约为 0.7%，且主要来源于耦合 CCUS 的天然气制氢项目。2021 年电解水制氢产能约 3.5 万吨，相比 2020 年增加了 20%，发展迅猛。

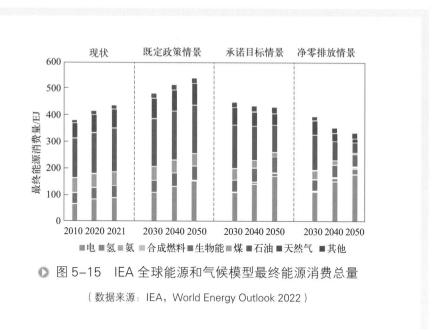

图 5-15　IEA 全球能源和气候模型最终能源消费总量

（数据来源：IEA，World Energy Outlook 2022）

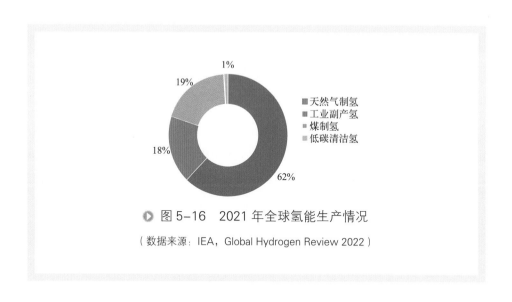

图 5-16　2021 年全球氢能生产情况

（数据来源：IEA，Global Hydrogen Review 2022）

　　2021 年，全球氢气需求约为 9400 万吨，比 2020 年增长了 5%。这些增长主要来源于传统的工业部门。其中，化学品生产的用氢需求增加了近 300 万吨，炼厂增加约 200 万吨。全球分部门氢能需求见图 5-17。

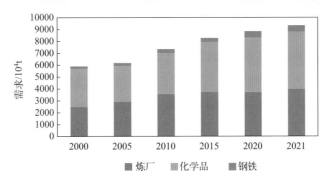

◐ 图 5-17　全球分部门氢能需求

（数据来源：IEA，Global Hydrogen Review 2022）

2021 年，全球氢燃料电池汽车保有量超过 5 万辆，投入运营的加氢站累计超过 700 座，氢燃料电池汽车部署及加氢站等氢能基础设施建设在加速发展（具体见图 5-18）。交通部门氢能需求约为 3 万吨，相比 2020 年增加了 60%，然而在总的氢能需求中仅占 0.03%。2021 年，以燃料电池重型车辆为代表的商用燃料电池车辆显著增加，氢能需求首次超过燃料电池公交车。

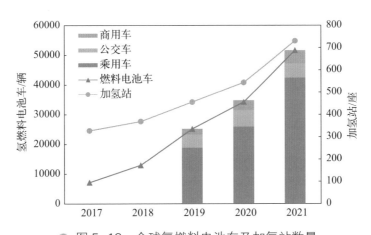

◐ 图 5-18　全球氢燃料电池车及加氢站数量

（数据来源：IEA，Global Hydrogen Review 2022）

全球大规模部署氢气是应对气候变化的重要举措之一，具有重要的脱碳潜力。因此，低碳清洁氢的生产备受关注。氢能应用的各个领域均规划了大量低碳清洁氢生产项目。然而，目前大多数规划项目尚处于早期阶段，项目不确定性较大。如果没有足够的低碳氢需求及相关产业政策的驱动，大多数规划项目可能都不会持续推进。

2022年3月，我国《氢能产业发展中长期规划（2021—2035年）》将氢能定位为未来国家能源体系的重要组成部分、用能终端实现绿色低碳转型的重要载体与战略性新兴产业和未来产业重点发展方向。煤炭是我国最主要的制氢原料，可再生能源制氢尚在起步阶段。《氢能产业发展中长期规划（2021—2035年）》指出，到2025年，可再生能源制氢产能将达到10万～20万吨。我国氢能产业发展目标见图5-19。

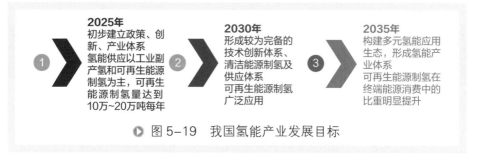

图5-19 我国氢能产业发展目标

"双碳"目标下，发展氢能已经成为能源行业减碳共识，中国氢气产量有望迎来快速增长阶段，氢气在终端消费中的占比也将逐渐提升。2021年，我国氢气产量约3468万吨。其中，煤制氢约2000万吨，天然气制氢770万吨，工业副产氢640万吨，电解水制氢约43万吨，具体见图5-20。

2021年以来，国内绿氢示范项目数量持续增长，电解水制氢进入大规模示范阶段。随着大容量电解槽的出现，部分项目开始探索商业化运营模式。大规模示范有利于提高国内可再生能源制氢的工程能力，扩大绿氢生产规模，降低绿氢成本。

◎ 图 5-20　中国氢气生产结构

（数据来源：氢能产业大数据平台）

从终端消费来看，合成氨是我国氢气最大下游消费领域，需求量达959 万吨，占比 27.7%；生产甲醇氢气需求量为 972 万吨，占比 28.0%；石油化工氢气需求量为 996 万吨，占比 28.7%；其他用于供热等工业用途的氢气 539 万吨，占比约 15.5%；交通、建筑与发电等领域占比 < 0.1%。中国氢气需求结构具体见图 5-21。

◎ 图 5-21　中国氢气需求结构

（数据来源：氢能产业大数据平台）

氢能的多场景大规模应用对实现"双碳"目标至关重要。目前，我国处于氢能技术持续进步、成本快速下降、产业能力不断提升、基础设施瓶颈逐步缓解的阶段，为氢能多元场景应用提供了条件。在交通领域，我国 2021 年燃料电池汽车产量为 1790 辆，销量 1596 辆。截至 2021 年底，燃料电池汽车保有量约 9000 辆，共建成 218 座加氢站，具体见图 5-22 和图 5-23。

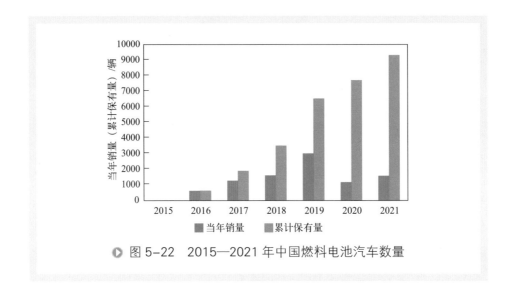

● 图 5-22　2015—2021 年中国燃料电池汽车数量

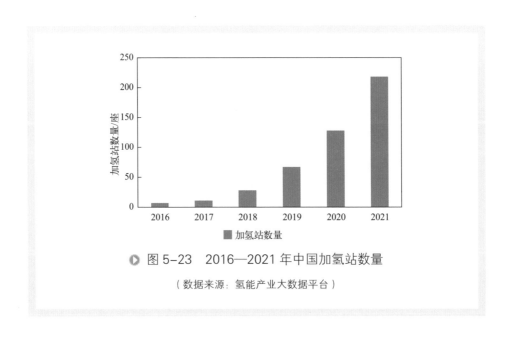

● 图 5-23　2016—2021 年中国加氢站数量

（数据来源：氢能产业大数据平台）

目前，氢能已经在世界范围内得到了广泛的关注和研究，也将成为我国未来清洁、高效的能源生产与消费体系的重要组成部分。根据中国氢能联盟预测，在碳中和情景下，预计 2060 年，氢能在工业、交通运输、储能、建筑等领域广泛应用（具体见图 5-24），需求量由目前 3000 多万吨提升至约 1.3 亿吨，在终端能源消费中占 20%。氢能产业链产值扩大，2060 年氢燃料电池汽车保有量超过 7000 万辆，氢能需求超过 4000 万吨，工业部门氢气需求量达到接近 8000 万吨，建筑供热供电及发电等其他用氢途径氢能需求超过 1000 万吨。

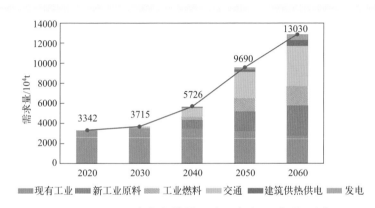

图 5-24　碳中和情景下中国氢气需求量预测

（数据来源：中国氢能源及燃料电池产业发展报告，2020）

5.2.3　关键技术问题

（1）高效、清洁、低成本的制氢技术

目前大规模化石燃料制氢技术已相当成熟，但碳排放较高，因此，针对化石燃料规模制氢，应着重考虑解决二氧化碳排放问题。从长远来看，电解水制氢技术与可再生能源更易结合，规模潜力大，是清洁、可持续的绿色氢气供应方式，未来发展潜力最大。目前，我国的碱性电解水技术已与国际水平相当，是目前商业用电解水制氢的主流技术，但仍有提高的空间。质子交换膜电解水制氢成本较高，目前关键装置的国产化程度正在不断提升。固体氧化物电解在国际上已接近商业化，但国内仍在研发示范阶段。碱性阴离子交换膜电解水制氢技术尚处于实验室研发阶段。此外，包括太阳能、核能及生物质制氢在内的各种可再生能源制氢新技术也应受到关注，以不断加大依靠可再生能源制氢和核能制氢的比例。

（2）大规模长距离的储运氢技术

储运氢是氢能技术的关键环节，必须满足安全、高效、体积小、重量轻、低成本和高密度的要求。大规模长距离储运氢技术的突破，一方面能够有效推动氢能的规模化应用，另一方面能促进氢能产业的区域合作，助力氢能产业的发展。然而，目前氢能储运技术还有很大的提高空间，已经成为氢能规模化应用的瓶颈之一。因此，应进一步开展储氢机理的研究和理论的原始创新，以启发新的储氢机制，促进储氢创新，并探索新的储存 - 释放机制和技术。

（3）工业过程绿氢耦合技术

化工、钢铁、水泥等行业是典型的高耗能工业和难脱碳部门，要实现"双碳"目标，必须对现有工业流程进行低碳 / 零碳再造。在"双碳"背景下，清洁氢在助力不同行业实现碳达峰、推动能源转型方面将发挥越来越重要的作用。借助绿氢平台，通过技术突破和行业间的协调、融合，实现化工、钢铁、水泥等行业的耦合及工艺流程再造，是高耗能工业部门低碳零碳工艺革新的可行路径。因此，应加大化工过程绿氢耦合、绿氢燃料替代、氢冶金等颠覆性或关键技术研发力度，并探索以化工过程为纽带的钢铁、水泥等跨行业耦合技术。

（4）燃料电池技术

氢燃料电池是将氢能转换为电能的关键载体，燃料电池技术对实现氢能规模化综合应用具有重要意义。虽然燃料电池在汽车、船舶、无人机、分布式电站和便携式电源等场景得到了应用示范，但是仍然存在一些关键技术问题，阻碍了该技术的大规模推广，主要表现在成本太高、寿命和系统优化不足、效率有待进一步提升等。因此，需要对燃料电池关键材料与部件的性能、制造加工技术进行持续改进，并通过规模效应降低成本；通过技术研发，进一步提高电池长期运行的性能，特别是稳定性、寿命、可靠性及环境适应性；对燃料、氧化剂循环系统、水/热管理系统和控制管理系统进行集成优化；对电池组结构与制备工艺进一步优化。

5.2.4　技术发展路线

我国氢能技术发展路线图见图5-25。发展电解水制氢是目前世界主要国家氢能战略的最主要方向之一，但在氢能产业发展初期，氢能供给结构将以工业副产氢和可再生能源制氢就近供给为主，在此期间，需积极推动可再生能源发电制氢规模化、新型可再生能源制氢、氢能大规模储运以及氢能多元化应用等多种技术研发示范；中期，氢能供给结构将从以化石能源为主，逐步过渡到以可再生能源为主的低碳氢，氢气实现长距离大规模输运，氢能在交通、工业、建筑、能源等领域的多场景应用开始凸显；远期，将以可再生能源发电制氢为主，生物制氢和太阳能光催化分解水制氢等技术成为有效补充，大规模高安全性储运氢技术广泛应用，氢能在终端能源消费中的比重明显提升，成为能源体系中的重要组成部分。

氢在清洁能源转型中的作用取决于科技创新，相关的技术研发既要支持商业可用技术的持续成本降低和性能改进，也要确保新型技术及时实现商业化。其中，低成本、可持续的低碳清洁氢气制取技术是氢能得以大规模应用的根本。目前，我国碱性电解水技术已经商业化，质子交换膜电解水制氢（PEM）和固体氧化物水电解技术（SOEC）处于示范阶段，碱性阴离子交换膜电解水制氢（AEM）技术正在早期开发阶段，但相关研究正在快速推进，其余新型制氢技术也在推进中。此外，氢能储运以及多元化多场景氢能应用相关的技术研发和示范也在相关政策的支持下快速推进，为推动氢能产业的规模化发展提供了有力保障。

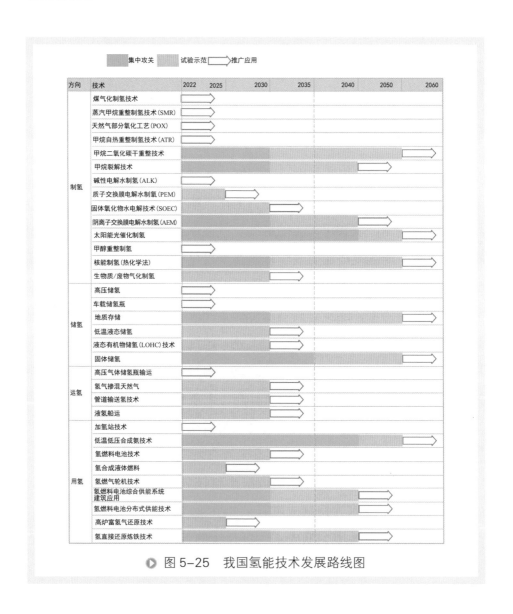

图 5-25　我国氢能技术发展路线图

5.3 智能电网领域

　　智能电网（smart grid）是在传统电力系统基础上，通过集成新能源、新材料、新设备和先进传感技术、信息技术、控制技术、储能技术等新技术形成的新一代电力系统，具有高度信息化、自动化、互动化等特征，可以更好地实现电网安全、可靠、经济、高效运行。在世界能源变革的潮流下，世界各国都明确了建设智能电网的必要性，由于世界各国的国情和发展水平不同，对建立智能电网的目标也存在差异，因此各国对智能电网尚未有一个统一的定义。2021 年 3 月，中央财经委员会第九次会议首次提出新型电力系统的概念，智能电网作为新型电力系统的枢纽平台，对于实现"双碳"目标具有重要意义。

　　智能电网的架构涉及物理层面的发电、输电、配电、用电和储能五个环节与信息层面的调度环节，如图 5-26 所示。智能电网领域的发展涉及提升电网科技含量、提高能源综合利用效率、提高电网供电可靠性、促进节能减排、促进新能源利用、促进资源优化配置等多个内容，是一项涉及全社会多领域联动的系统工程，最终目标是实现全社会用电效益的优化配置和能源体系绿色化低碳化的高效利用。

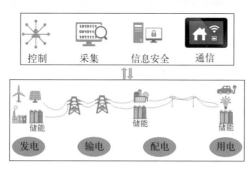

▶ 图 5-26　智能电网架构

5.3.1 宏观现状态势

国家电网公司于 2009 年正式提出"坚强智能电网"概念，2010 年全国政府工作报告中强调要"加强智能电网建设"，这是我国政府第一次提出将智能电网建设作为国家的基本发展战略，之后智能电网进入全面发展时期。2021 年 3 月，中央财经委员会第九次会议提出，要深化电力体制改革，构建以新能源为主体的新型电力系统。目前中国已进入新型电力系统建设阶段。中国电网的发展历程如图 5-27 所示。

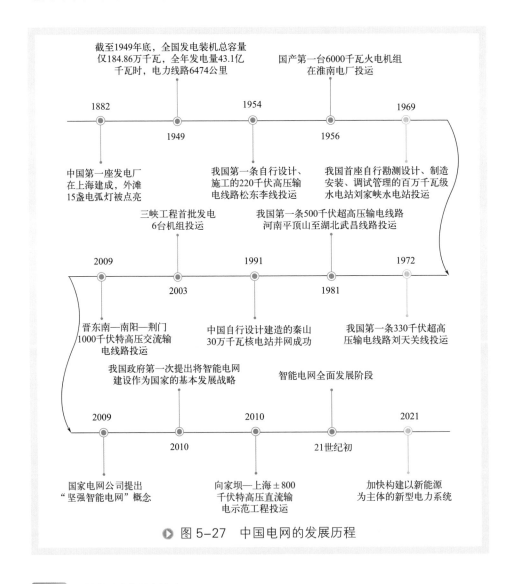

▶ 图 5-27 中国电网的发展历程

能源系统绿色转型和低碳转型离不开非化石能源的稳步替代、国家政策的支持和智能电网相关清洁低碳化能源生产技术的发展。2021年我国可再生能源装机规模突破 10 亿千瓦，水电、风电、光伏发电装机均突破 3 亿千瓦（水电装机容量 3.9 亿千瓦，风电 3.3 亿千瓦，太阳能发电 3.1 亿千瓦），全国电力装机结构如图 5-28 所示。

▶ 图 5-28　全国电力装机结构

（数据来源：中国统计年鉴）

2021 年我国发电总量已突破 8 万亿千瓦时的大关，同比增长 9.8%，是世界最大的电力生产国。从发电构成来看，如图 5-29 所示，我国电力转型趋势明显，2021 年全国可再生能源发电量达 2.48 万亿千瓦时，占全

▶ 图 5-29　全国发电结构

（数据来源：中国统计年鉴）

社会用电量的 29.8%。未来可再生能源发电将在我国发电结构中占据主导作用，高效燃煤发电、煤电灵活性调峰、CCUS 等化石能源相关技术也将得到长足发展。

智能电网的建设离不开资金支持，近十年电源和电网基本投资如图 5-30 所示。2021 年全国完成电源基本建设投资 5530 亿元，同比增长 4.5%。2021 年全国电网基本投资 4951 亿元，两大电网公司持续推进电网转型升级。"三型两网"战略目标确定后，国家电网投资结构将趋向信息化和智能化，智能电网是建设重点；南方电网公司提出"数字南网"要求并将其作为公司战略发展路径之一，加快数字化建设及转型工作。

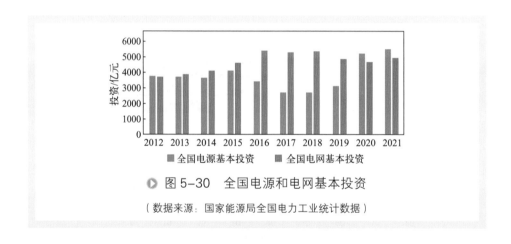

▶ 图 5-30 全国电源和电网基本投资

（数据来源：国家能源局全国电力工业统计数据）

2022 年 1 月 24 日，习近平总书记在主持中共中央政治局第三十六次集体学习时提及"要加大力度规划建设以大型风光电基地为基础、以其周边清洁高效先进节能的煤电为支撑、以稳定安全可靠的特高压输变电线路为载体的新能源供给消纳体系"。为实现"双碳"目标，助力西电东送工程持续推进和西北部地区大规模可再生资源并网，特高压工程项目建设持续加速。截至 2023 年 12 月，我国已建成 39 条特高压线路。2020 年国家电网特高压工程累计线路长度 35868 公里（如图

5-31 所示），特高压跨区跨省累计输送电量达 20764.13 亿千瓦时（如图 5-32 所示）。

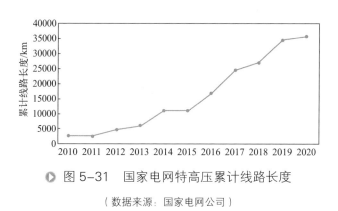

▶ 图 5-31　国家电网特高压累计线路长度

（数据来源：国家电网公司）

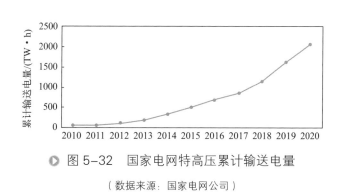

▶ 图 5-32　国家电网特高压累计输送电量

（数据来源：国家电网公司）

随着我国经济社会的不断发展，电力需求与日俱增。如图 5-33 所示，至 2021 年我国全社会用电量已突破 8.3 万亿千万时，比上年增长 10.4%，是世界最大的电力消费国。未来随着经济发展水平的提升以及工业电气化的推进，用电需求将进一步增加。

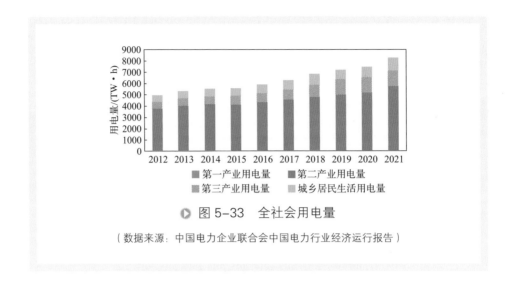

图 5-33　全社会用电量

（数据来源：中国电力企业联合会中国电力行业经济运行报告）

　　智能电表是智能电网中重要的构件之一，智能电表不仅需要起到计量、显示的基础作用，还是故障抢修、电力交易、客户服务、配网运行、电能质量监测等各项业务的基础数据来源，可实现电力用户和电力企业之间的双向通信，促进电力系统的信息化建设。如图 5-34 所示，2021 年国家电网智能电表招标数量约为 6674 万只，同比增长 28.2%，其中单相智能电表 5775.2 万只，三相智能电表 898.84 万只。

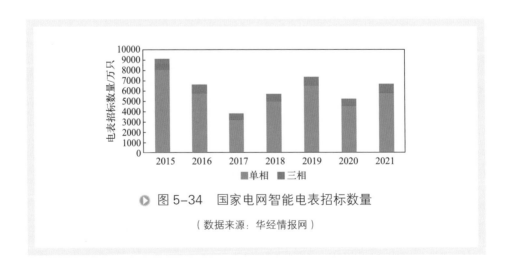

图 5-34　国家电网智能电表招标数量

（数据来源：华经情报网）

智能用电是智能电网的重要一环,随着新能源汽车与可再生能源融合发展,中国电动汽车充电基础设施持续增长,根据中国电动汽车充电基础设施促进联盟(EVCIPA)的数据,如图 5-35 所示,2021 年全国电动汽车充电桩保有量 261.71 万台,其中公共电动汽车充电桩数量为 114.7 万台,私人电动汽车充电桩数量为 147.01 万台。

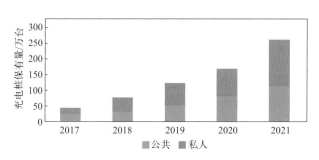

● 图 5-35　全国电动汽车充电桩保有量

(数据来源:中国汽车工业协会,中国电动汽车充电基础设施发展报告)

5.3.2　行业发展趋势

未来智能电网将以数据为核心要素,通过数字化、智能化技术,打通发、输、配、用、储各环节,形成精准反应、状态及时、全域计算、协同联动的支撑体系。建成后的智能电网将实现以下目标。

在电源侧,电力生产实现清洁化和低碳化发展。电力生产以太阳能、风能为主,可再生能源功率预测、高比例可再生能源的惯性增强和主动构网等技术取得突破,大容量储能、抽水蓄能得到大规模推广应用,形成集中式与分布式并存的高比例新能源并网。

在电网侧,大电网与微电网实现协同发展。我国建成特大型互联电网,特高压骨干网架建设完善,满足新能源在全国范围内的消纳利用和各种资源之间的优化互济与支援。形成由各类微型电源和负荷组成的微电网,实现局部的电力平衡和能量优化。

在需求侧,电力消费者成为电力"产消者",与供应侧实现深度融合互动。分布式能源在需求侧得到广泛开发与应用,用户用电的自主性和可靠性大幅提升。虚拟电厂向电力系统提供关键的电量服务和辅助服务,综合提升电力系统安全保障水平。电力系统的发展以服务需求侧为导向,以电为中心的综合能源服务实现因地制宜的大规模推广,全社会的终端用能效率大幅提高。

大数据、云计算、物联网、人工智能、区块链等数字技术融合、应用于电力系统各个环节的管理和运维,提高其数字化、网络化和智能化水平,促进电力系统源网荷储协同互动。

5.3.3 关键技术问题

智能电网关键技术架构如图 5-36 所示,可以分为电源侧、电网侧、负荷侧和储能侧。

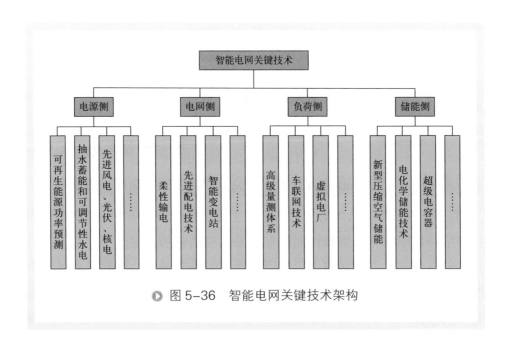

◉ 图 5-36　智能电网关键技术架构

在国家大力发展清洁能源的推动下，可再生能源发电相关技术发展迅猛。除此之外，在电源侧，水电技术、生物质能利用技术、核能技术、氢能技术和其他清洁能源利用技术也在能源转型当中发挥越来越重要的支撑作用。未来可再生能源将占据主导地位，新能源出力的随机性、波动性与间歇性显著提高了电力系统实时供需平衡难度，可再生能源功率预测技术可精准预测未来一定时间内的新能源出力情况，是促进新能源消纳，保障电力系统安全、稳定、高效运行的重要手段；传统火电也将由主体性电源转变成保障性电源，负责电力的可靠供应与调节，火电机组灵活改造技术对于我国新能源电力消纳和保障电力稳定供应仍发挥着不可或缺的作用。

在电网侧，我国持续推动特高压输电工程建设，在全国范围内构建了交直流混联特大电网，推动特高压输电技术不断进步。微电网、中低压直流配用电、智能柔性配电网等先进配电技术有利于海量分布式电源、储能、电动汽车的广泛接入，减少功率损耗和电压降，可以改善供电质量、提高供电效率和可靠性。"双高型"电力系统的稳定机理与控制技术、高比例可再生能源的惯性增强和主动构网技术、以新能源为主体的新型电力系统灵活互动技术等适应高比例新能源消纳、维护电网稳定相关技术也在项目示范和推广应用阶段。

在负荷侧，信息通信、电力电子等技术的飞速发展进一步推动能源供给侧和消费侧双向信息互动，实现能源供给的灵活高效管理。智慧用电基础设备与装备、电的多种转化技术、车联网技术、虚拟电厂等技术得到飞速发展，高级量测体系仍有关键技术和相关工程实践需要突破。

5.3.4 技术发展路线

智能电网相关技术发展路线图见图 5-37。

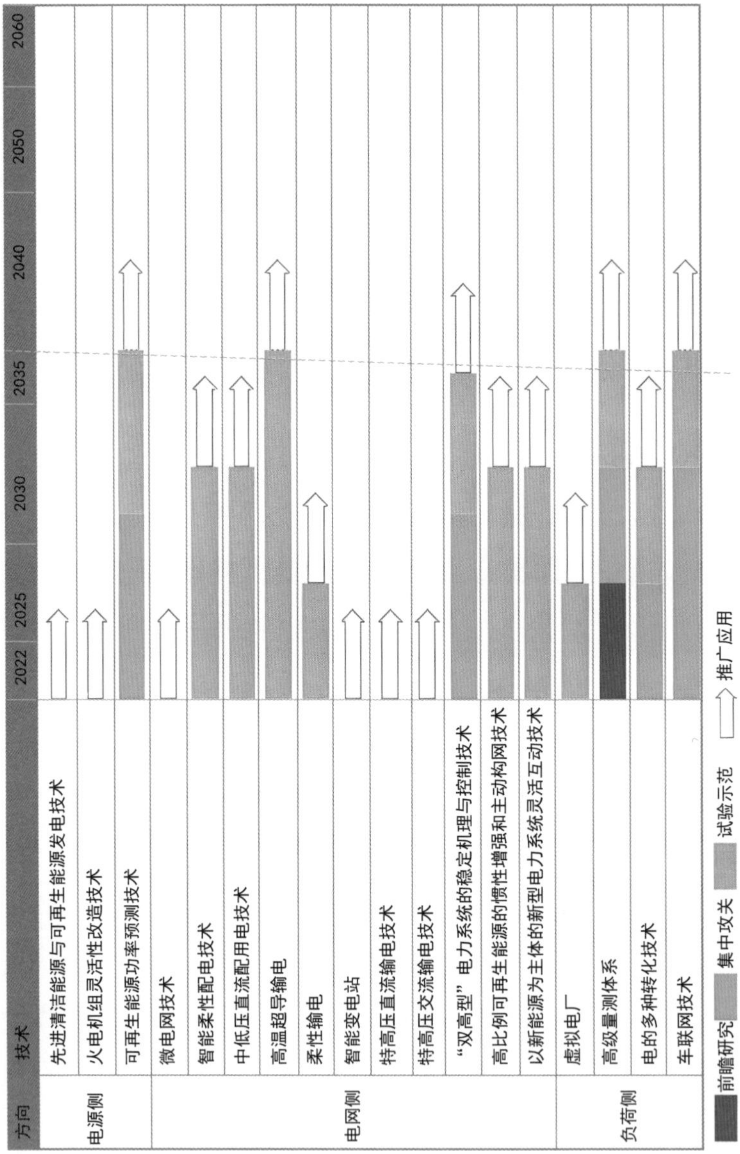

图 5-37 智能电网相关技术发展路线图

方向 | 技术

电源侧
- 先进清洁能源与可再生能源发电技术
- 火电机组灵活性改造技术
- 可再生能源功率预测技术
- 微电网技术
- 智能柔性配电技术
- 中低压直流配用电技术
- 高温超导输电

电网侧
- 柔性输电
- 智能变电站
- 特高压直流输电技术
- 特高压交流输电技术
- "双高型"电力系统的稳定机理与控制技术
- 高比例可再生能源的惯性增强和主动构网技术
- 以新能源为主体的新型电力系统灵活互动技术

负荷侧
- 虚拟电厂
- 高级量测体系
- 电的多种转化技术
- 车联网技术

前瞻研究　集中攻关　试验示范　推广应用

第6章

终端能源低碳转型

　　工业部门是二氧化碳的排放大户，2020年排放量占总排放量的39%，主要包括钢铁、建材、化工、有色等领域。要实现这些领域的"双碳"目标，就必须对现有的工业流程进行低碳零碳再造。一是通过深度电气化，利用非化石能源发电实现深度脱碳；二是通过绿氢、合成气/甲醇、二氧化碳等平台，通过技术突破和行业间的协调、融合，促进化石能源和二氧化碳资源化利用，实现行业低碳零碳工艺革新。

　　以绿氢与煤化工融合为例，如果在煤气化过程中补入绿氢，可实现煤制烯烃过程碳减排近70%；如果补入过量的绿氢，则可引入二氧化碳作为部分碳源，实现全过程的负碳排放。以钢铁与煤化工融合为例，如果利用钢铁生产的尾气中含有的合成气生产乙醇，初步计算，全国钢厂25%的剩余尾气约可制1000万吨乙醇，减少二氧化碳排放近2000万吨。以绿氢与钢铁融合为例，以氢气代替煤炭来还原铁矿石（氢冶金），二氧化碳排放可降至传统工艺的20%。以水泥和化工融合为例，水泥行业的排放主要是原料中碳酸钙分解产生的过程排放（约60%），这部分不得不排的二氧化碳无法通过燃料替代实现减排，如果以氢为介质与化工过程耦合，可将二氧化碳转化为甲醇等。再进一步考虑，在甲烷等气氛下进行熟料焙烧，使碳酸钙与甲烷反应生成一氧化碳和氢气，再作为原料制备化学品，从而实现水泥的低碳、经济发展。

6.1 水泥领域

6.1.1 宏观现状态势

在全球碳排放总量中，工业生产过程中所产生的碳排放约占 23%，是主要的碳排放来源。而在各主要工业流程中，水泥领域又占到世界碳排放总量的 7%，从排放量上看是最主要的碳排放工业流程之一，也成为受到重点关注的领域，具体见图 6-1。

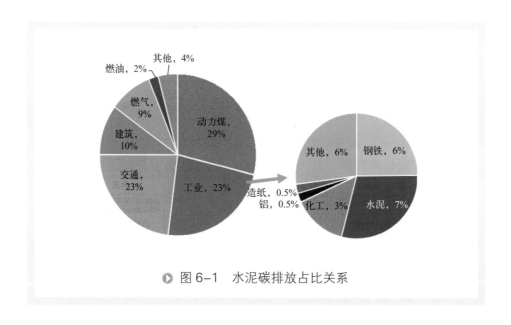

图 6-1　水泥碳排放占比关系

水泥工业是典型的高能耗、高物耗、高污染行业。同时，水泥工业也是国民经济中重要的基础产业，属于能源、资源密集型行业。特别是伴随着我国改革开放 40 多年以来基础设施建设的高速发展，水泥工业在为城镇建设作出巨大贡献的同时，作为矿石原料使用过程和煤炭燃烧过程副产品的二氧化碳也不可避免地被大量排放出来。在我国提出"2030年碳达峰，2060 年碳中和"的目标后，水泥工业绿色低碳高质量发展成为全行业的重要方向。

作为主要建筑材料，21 世纪以来水泥产量迅速增加（具体见图 6-2），在 2000 年到 2013 年的十余年间水泥产量增长了近 150%。2013 年至今，世界水泥总产量保持在 40 亿吨左右，处于一个高位的平台期。2018 年以来水泥总产量又呈现出逐年增加的趋势。2021 年世界水泥总产量约 43 亿吨，达到历史高点。

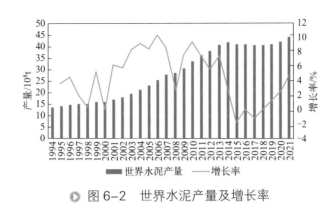

◗ 图 6-2 世界水泥产量及增长率

统计数据显示，水泥生产主要来自发展中国家，特别是亚洲国家（具体见图 6-3）。2021 年中国、印度、越南的水泥年产量位居世界前三位，这与三国巨大的人口基数和与之相匹配的基础设施建设需求有密切关系。其中，中国的水泥产量在近 30 年内位居世界第一，2021 年中国水泥产量 23 亿吨，约占全球水泥总产量的 53.4%。

如图 6-4 所示，虽然水泥区域性生产较为突出，但水泥的产业集中度仍然较高。2021 年，全球 20 大水泥企业合计水泥产能达到 27 亿吨，约占世界总产能的 42%。其中有 9 家中国水泥企业，产能合计 16.2 亿吨，约占 20 大水泥企业总产能的 60%。大型龙头水泥生产企业在生产技术和能耗指标上的示范带动作用，将对整个水泥行业起到积极作用。

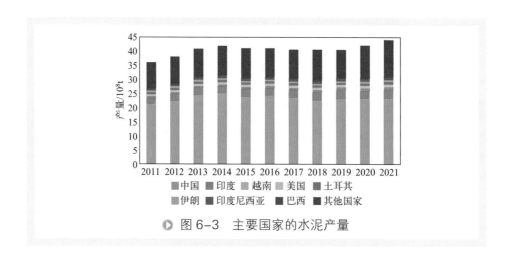

图 6-3　主要国家的水泥产量

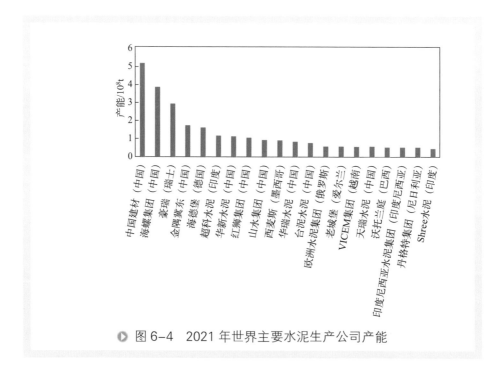

图 6-4　2021 年世界主要水泥生产公司产能

中国是世界最大的水泥生产国，近年产量如图 6-5 所示。受政策激励与市场需求的影响，2003 年至 2014 年水泥产量持续增加，并在 2014 年达到 24.9 亿吨的峰值，随后产量波动下降进入平台期，年水泥总产量在 23.5 亿吨左右。

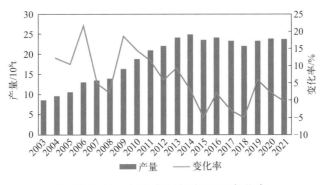

图 6-5　中国水泥年产量及变化率

截至 2020 年底，我国共有 1795 条新型干法生产线，在产 1609 条，停运 186 条。2020 年熟料设计产能 19.5 亿吨，实际熟料产量 15.8 亿吨，产能利用率 75%。目前我国主要水泥生产线集中在东中部及西南地区等水泥需求大省。据统计，2021 年我国华东地区水泥产量占比 33%，中南地区水泥产量占比 27%，西南地区水泥产量占比 19%，如图 6-6 所示。

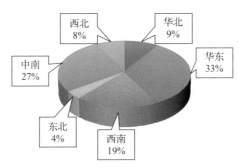

图 6-6　2021 年我国水泥产量地区分布情况

6.1.2 行业发展趋势

（1）以产能替换缓解产能过剩

2021年工信部发布《水泥玻璃行业产能置换实施办法》，不少地区陆续出台地方实施细则，严控水泥行业产能置换，有效缩减过剩产能，促进行业集中度的提高。该办法要求所有扩大产能的水泥熟料项目必须制定产能置换方案，实施产能置换。位于国家规定的大气污染防治重点区域实施产能置换的水泥熟料建设项目，产能置换比例不低于2：1；位于非大气污染防治重点区域的水泥熟料建设项目，产能置换比例不低于1.5：1。大气污染防治重点区域依据《中共中央　国务院关于全面加强生态环境保护　坚决打好污染防治攻坚战的意见》以及生态环境部相关文件界定。使用国家产业结构调整目录限制类水泥熟料生产线作为置换指标和跨省置换水泥熟料指标，产能置换比例不低于2：1。新建白色硅酸盐水泥熟料项目，其产能指标可减半，但新建白色硅酸盐水泥熟料项目产能不能再置换为通用水泥和其他特种水泥熟料；其他特种水泥产能置换比例与通用水泥相同。2021年产能置换量前15名如图6-7所示，山东、云南、湖南、浙江、安徽等水泥生产大省和需求旺盛地区积极落实产能置换，位列产能置换总量前5名。

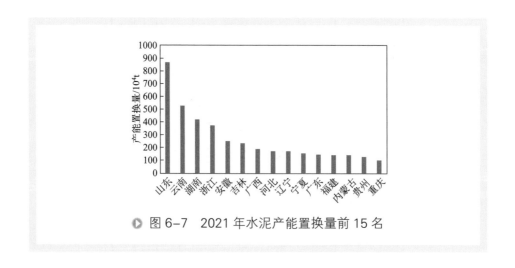

图6-7　2021年水泥产能置换量前15名

随着我国去产能与产能优化政策的落实，我国水泥熟料生产线单线规模逐年上升。新型干法水泥产能占到全国水泥总产量的90%以上，图6-8为我国不同规模新型干法生产线产能占比，平均规模达到3610t/d。2500t/d（含）以下水泥熟料生产线产能占总产能的28.4%，主要为特种水泥。根据政策要求，3500t/d以下产能的普通水泥生产线已属于落后产能，将逐步淘汰。

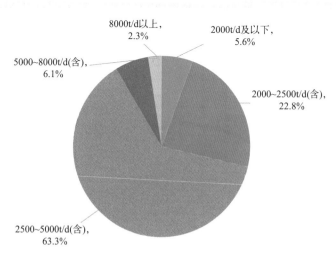

○ 图6-8　我国不同规模新型干法生产线产能占比

（2）低碳化发展

水泥的碳排放可以划分为来自煤等化石燃料燃烧产生的直接排放、生产过程消耗电力产生的间接排放以及熟料煅烧产生的过程排放，具体见图6-9。

直接排放是煤、石油焦等化石燃料燃烧产生的二氧化碳排放量，也可定义为"燃料排放"。燃料燃烧主要为原料（主要成分为$CaCO_3$）的煅烧分解反应提供高温，以生成熟料的主要成分CaO。这部分二氧化碳排放量可根据燃料的消耗结构、各种燃料的低位热值和相应燃料的排放因

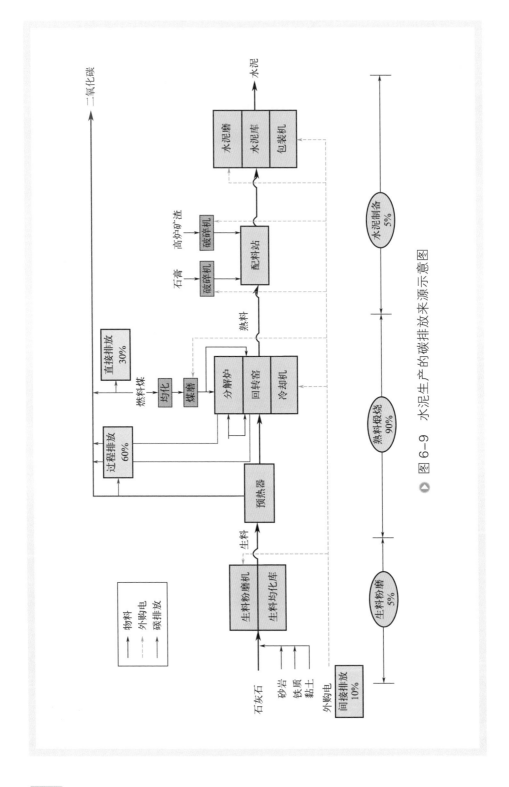

图 6-9 水泥生产的碳排放来源示意图

子进行测算。水泥生产的燃料消耗主要在熟料煅烧单元产生，包括预热分解用煤和回转窑用煤，预热分解用煤占60%，回转窑用煤占40%。以生产1t水泥熟料为基准，熟料煅烧单位能耗（标准煤）为105kg/t。

间接排放是电力消耗能源所产生的二氧化碳排放量，也可定义为"电力排放"，包括各个工艺过程中电机消耗电量所产生的二氧化碳。这部分二氧化碳排放量可通过外购电量乘以供电排放因子计算得到。

过程排放是煅烧过程中产生的二氧化碳排放量，其来自原料中主要成分$CaCO_3$受热分解排放的二氧化碳。过程排放量由消耗的生料的碳酸盐含量以及各种替代材料和熟料的产量决定。因此，可通过减少需求和提高原材料利用效率来减少过程排放量。这部分二氧化碳排放量可通过碳酸盐的消耗量乘以碳酸盐的排放因子得到。

根据中国建筑材料科学研究总院对全国水泥生产线消耗和生产数据的统计，以我国水泥行业为例，生产每吨水泥消耗石灰石约754kg，石灰石排放因子为0.44kg/kg，过程排放CO_2 331.76kg；生产每吨水泥消耗标准煤约69kg，排放因子为2.66kg/kg，燃料消耗的直接碳排放为183.54kg；生产每吨水泥消耗电力97kW·h，电力的碳排放因子为0.8kg/（kW·h），得到间接碳排放77.6kg。综合以上三种碳排放方式，我国的水泥碳排放强度约为593kg/t。具体见图6-10。

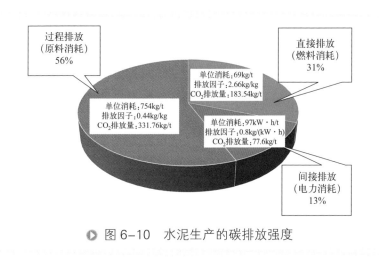

▶ 图6-10 水泥生产的碳排放强度

不同国家水泥碳排放强度存在一定差异（图6-11），主要范围在560～750kg/t。碳排放强度与生产工艺先进性、设备能效水平、使用燃料类型等有密切关系。中国的水泥生产线由于产能规模大、工艺设备先进，碳排放强度在全球处于偏低水平。印度的水泥生产主要使用天然气作为燃料，其碳排放强度也较低。一些欧美国家由于生产线产能低、设备使用时间长、工艺落后等因素，碳排放强度稍高。

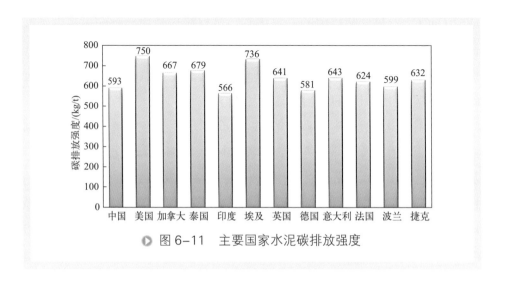

▶ 图6-11　主要国家水泥碳排放强度

我国水泥行业的碳排放包括熟料直接排放（指过程排放与燃料消耗产生的直接排放之和）和间接排放（电力消耗）。2020年，我国水泥行业碳排放总量约13.7亿吨，约占全国总碳排放量的13%，排在电力和钢铁之后，位居第三。

水泥生产离不开碳酸盐分解，碳酸盐分解产生的碳排放占全部碳排放的56%；碳酸盐分解需要大量的热量，热量是由燃料燃烧提供的，这部分碳排放占比约30%。根据水泥生产原料和生产工艺特点，水泥行业是典型的难减排行业。围绕国家"双碳"目标，我国水泥行业面临严峻的节能减排压力。近10年来中国水泥行业的碳排放量如图6-12所示。从2010年至2014年，由于基建投资大幅增加，水泥产量大幅提高，至

2014 年水泥产量达到历年峰值（24.9 亿吨），相应的水泥碳排放量也达到近年峰值（14.7 亿吨）；2015 年至今水泥产量趋于稳定，维持在 23.5 亿吨左右，碳排放量在 14 亿吨附近。

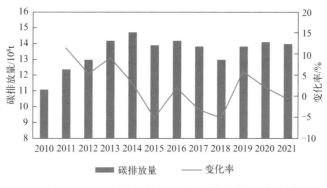

● 图 6-12　中国水泥行业的碳排放量及变化率

过程排放是水泥行业碳减排的最大难点。水泥生产过程中约 60% 的碳排放来自碳酸钙分解产生的 CO_2。石灰石作为水泥生产的最主要原材料，具有分布广、储量大、开采易、价格低等特点。以生产 1 吨水泥需要 1.5 吨左右石灰石计，全国水泥行业每年消耗的石灰石在 35 亿吨左右。虽然目前行业内在原料替代工艺及新型低碳水泥的研发方面取得了突破，但尚未出现能广泛大规模替代石灰石的低碳替代原料和新型替代性胶凝材料。因此，难以消除的高占比的过程排放会成为水泥行业碳中和道路上的最大挑战。此外，目前我国水泥生产高度依赖化石燃料，特别是煤炭。化石燃料燃烧产生的碳排放约占全流程碳排放的 30%。相比欧洲发达国家与世界平均水平，我国煤炭的能源替代比例很低。中国熟料生产所用燃料只有约 2% 来源于非化石燃料，而欧洲国家得益于广泛的垃圾分类回收社会基础，化石燃料替代率可以达到 40% 以上。过去 20 年间，中国基础设施建设快速增长，随之而来的是水泥需求量急剧上升，大量水泥产能也在这一时期投建。据估计，中国约 90% 的水泥生产设施为近

20 年以内新建，40% 的水泥厂于近 10 年内新建。目前全国的水泥市场已供大于求，在"双碳"目标的约束下，部分现存的水泥生产设施将更长时间错峰生产与调控，生产效益的下降也将直接影响企业落实绿色低碳技术的积极性。

6.1.3　关键技术问题

（1）能效提升技术

水泥生产过程中主要能耗如图 6-13 所示，水泥生产的过程热损失主要来自预热器出口带走热和冷却机余风带走热。设备升级、余热利用和先进智能的工艺管理可在一定程度上减少热损失，提高能源效率，做到能耗、碳排双控。

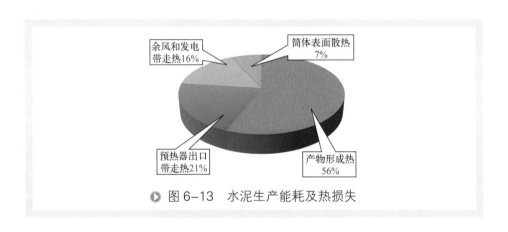

余风和发电
带走热16%

筒体表面散热
7%

预热器出口
带走热21%

产物形成热
56%

▶ 图 6-13　水泥生产能耗及热损失

目前主要的能效提升技术包括余热回收利用技术、分级分别高效粉磨技术、高能效自适应烧成技术、新一代高效篦冷机以及水泥行业能源智能管理和控制系统等。各技术的减碳潜力如图 6-14 示。

水泥余热发电技术是最重要的能效提升技术，目前已在我国水泥生产线大规模应用。该技术是指在新型干法水泥熟料生产线生产过程中，通过余热锅炉对水泥窑炉排出的大量低品位废气余热进行热交换回收，

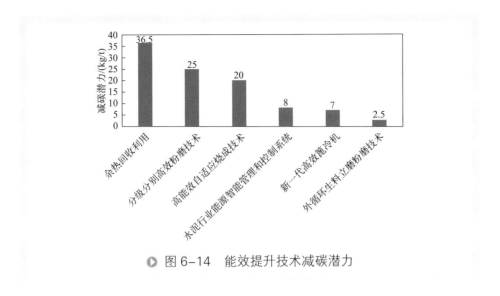

图6-14 能效提升技术减碳潜力

产生过热蒸汽推动汽轮机实现热能向机械能的转换，从而带动发电机发出电能，所发电能供水泥生产过程使用。新型干法水泥熟料生产企业中，窑头熟料冷却机和窑尾预热器排出350℃左右的废气，其热能大约为水泥熟料烧成系统热耗量的35%，应用低温余热发电技术可对排放到大气中的废气余热进行回收，使水泥企业能源利用率提高到95%以上，经济效益十分可观。一条日产5000吨水泥熟料生产线每天可利用余热发电21万～24万千瓦时，可解决约60%的熟料生产自用电，产品综合能耗可下降约18%，每年节约标准煤约2.5万吨，减排CO_2约6万吨。

分级分别高效粉磨工艺也是重要的节电降耗技术。该工艺将立磨的研磨和分选功能分开，物料在外循环立磨中经过研磨后全部排到磨机外，经过提升机进入组合式选粉机进行分选，分选后的成品进入旋风收尘器收集，粗颗粒物料回到立磨进行再次研磨。所有的物料均通过机械提升，能源利用效率大幅提升，系统气体阻力降低5000帕，降低了通风能耗和电耗，预计每年减排CO_2约24万吨。

此外，围绕智能制造、智慧生产，多家水泥龙头企业布局开展智能改造，在水泥生产的全流程工艺中实现智慧控制，提高产品合格率，减少次品的能源消耗，进而提高单位能耗的生产效率。基于数据传感监测、信息交互集成及自适应控制等关键技术，创新应用了数字化无人矿山管理系统、专家自动操作系统、智能质量控制系统等，实现了水泥工厂运行自动化、管理可视化、故障预控化、全要素协同化和决策智慧化。以某4500吨每年水泥生产线为例，改造后的水泥生产企业资源利用率提升了4%，每年减少废物排放34万吨，堆平均CaO合格率提升9.08%，检测频次提高50%，折合每年减排CO_2约0.5万吨。

（2）替代原料技术

替代原料技术是指采用工业部门的废渣（粉煤灰、煤矸石、高炉矿渣、钢渣、铝渣、电石渣等），部分或全部替代石灰石以及校正原料，减少水泥生产的过程二氧化碳的排放量。目前水泥领域应用的典型替代原料成分及替代方式如图6-15所示。

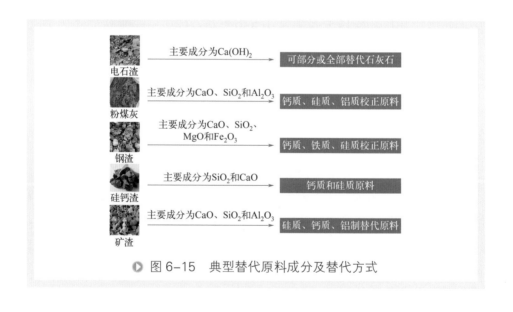

图6-15　典型替代原料成分及替代方式

电石渣的主要成分为$Ca(OH)_2$，理论上可以完全替代石灰石，具有较高的减碳潜力，但主要受困于含水量较大（电石渣的含水量高达60%），烘干原料需要较高的能耗，很大程度上限制了电石渣的利用。钢渣中也含有一定量的 CaO、SiO$_2$、MgO 和 Fe$_2$O$_3$，是理想的水泥原料化学成分，也是目前较主流的替代原料。水泥厂可对区域附近钢厂所产高炉矿渣进行合理配比作为替代原料。硅钙渣是指粉煤灰中加入碱和石灰石烧结，再通过湿法提取氧化铝，回收碱后剩余的固体残留物，主要含有硅和钙两种元素，其化学成分由 CaO、SiO$_2$、Al$_2$O$_3$、Fe$_2$O$_3$、MgO、TiO$_2$ 组成，其中多种成分也可作为水泥原料。各替代原料的减碳潜力如图 6-16 所示。

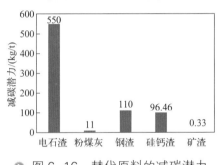

图 6-16　替代原料的减碳潜力

（3）替代燃料技术

目前我国水泥行业的燃料主要是煤炭，其次是天然气。替代燃料技术是指采用碳中性或者碳排放强度较低的燃料，如废旧轮胎、废机油、废塑料、危险废物、秸秆、垃圾衍生燃料（residue derived fuel，RDF）、固体回收燃料（SDF）、生活垃圾、市政污泥、废纸浆等，代替部分燃煤和天然气，减少燃料燃烧所产生的二氧化碳排放量。

水泥窑中的煅烧具有如下特征：水泥回转窑内气体温度可达2000℃，其中分解炉温度可达 1100℃左右；水泥回转窑内停留时间为 8～20s，分解炉内停留时间超过 3s；回转窑内为氧化气氛。这些特征决定了水泥窑煅烧废旧轮胎、生活垃圾等作为替代燃料具有可能性。多种工业固废经处理后是理想的水泥窑燃料，一方面其燃烧产生热量，另一方面燃烧后的灰烬及不可燃部分可作为熟料的一部分,使固废得到再利用,也很好地解决了"垃圾围城"的问题。目前水泥领域常用的工业固废替代燃料的种类及使用占比如图 6-17 所示。

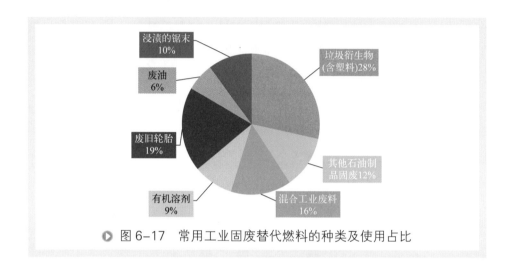

图 6-17　常用工业固废替代燃料的种类及使用占比

（4）低碳水泥技术

水泥生产中,熟料煅烧工序的碳排放约占总排放量的 90%,是水泥生产碳排放的重要环节。熟料替代技术是指采用低钙水泥熟料代替普通硅酸盐水泥熟料的新型熟料体系技术,以及采用低熟料系数的水泥生产技术。

不同水泥矿物组成所需煅烧温度不同、氧化钙含量不同,使得碳排放量不同(具体见图 6-18)。调整不同矿物相的组成可在一定程度上降低熟料的碳排放。以低碳含量的二硅酸三钙（$3CaO \cdot 2SiO_2$,简称 C_3S_2）、硅酸二钙（$2CaO \cdot SiO_2$,简称 C_2S）、硅酸钙（$CaO \cdot SiO_2$,简称 CS）为主要矿相的新型熟料体系可有效降低熟料生产过程中的 CO_2 排放。目前世界各国正在研发的应用新型熟料体系的水泥主要有硅酸钙（镁）制成的气硬性水泥（Solidia 水泥）、铝酸钙和石英制成的低温烧结水泥（Celitement 水泥）、活性氧化镁制成的硅酸镁水泥（Navocem 水泥）、高贝利特低钙水泥、高贝利特硫（铁）铝酸盐水泥、硫铝酸盐水泥（CSA）、新型低碳水泥（Aether 低碳水泥）、贝利特硫铝酸钙水泥。低碳水泥的使用可使碳排放强度下降 10% ～ 30%。目前低碳水泥的大规模运用主要受成本限制，因而较多地作为特种水泥使用。

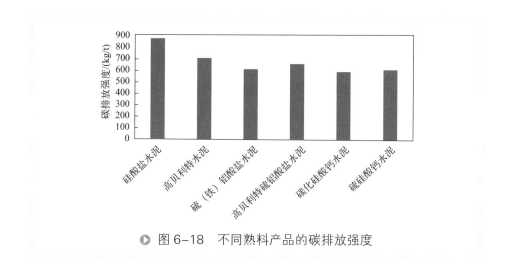

● 图 6-18　不同熟料产品的碳排放强度

（5）CCUS 技术在水泥中的应用

碳捕集、利用与封存技术在水泥行业的应用包括富氧燃烧、燃烧后捕集和燃烧前捕集。由于燃料燃烧产生的碳排放仅占水泥行业总排放的 30% 左右，因此燃烧前捕集技术不适用于水泥行业；富氧燃烧技术目前主要停留在试验研究阶段，还存在很多技术难点；燃烧后捕集技术是适用性较广的碳捕集技术，已经在多个行业建成示范项目。根据国际能源署（IEA）的清洁能源技术展望，水泥行业应用的 CCUS 技术成熟度见图 6-19。

其中化学吸收法被认为是水泥工业中碳捕集的基础方法，常用的吸收剂为胺溶液。在化学吸收法的工艺流程中，含有 CO_2 的尾气首先进入吸收塔，自下而上经胺溶液的淋洗，CO_2 被吸收，减碳后的尾气从吸收塔顶部排出，富含 CO_2 的胺溶液自上而下进入解吸塔，胺溶液在解吸塔中受热，CO_2 从中解吸并从塔器顶部送出，经干燥和压缩后进行后续利用。解吸后的胺溶液经换热器与冷流换热后，重新循环至吸收塔。

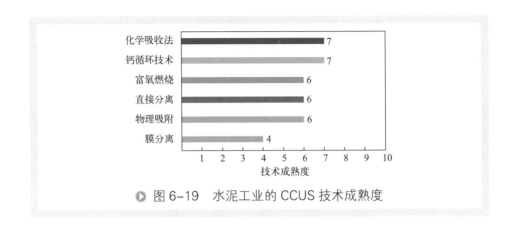

图 6-19　水泥工业的 CCUS 技术成熟度

钙循环技术（CaL）是基于 CaO 与 CaCO$_3$ 的可逆碳化反应，利用 CaO 与 CaCO$_3$ 的相互转化分离烟气中的 CO$_2$。通常在两个相互连接的循环反应器——碳酸化反应器和煅烧炉中进行碳捕集。在碳酸化反应器中，CaO 在 600 ~ 700℃与含 CO$_2$ 烟气反应，生成的 CaCO$_3$ 被送到煅烧炉中，在 890 ~ 930℃再分解成 CaO 和 CO$_2$，CaO 再生被送回碳酸化反应器。

6.1.4　技术发展路线

根据主要水泥减碳技术的实施阶段与未来技术发展预测可得到如图 6-20 所示的技术路径。我国现有水泥工艺流程经过 60 余年的发展，单位能耗先进值已非常接近理论值，能效提升的方法减碳潜力有限，而且多项技术在我国已广泛推广应用。替代燃料的使用在国内水泥领域仍有较大提升空间，我国目前替代燃料的使用率仅有 2%，距离欧洲发达国家存在较大差距，随着垃圾分类回收等相关产业在全社会的推广普及，固废及垃圾衍生物燃料化将进一步在工业领域适用，加之氢能燃料技术的示范与成熟，替代燃料技术将是我国水泥领域技术减碳的重要渠道。并且随着 CCUS 技术的成熟和成本的下降，特别是针对难以解决的过程排放，2030 年后 CCUS 技术在水泥行业的应用将陆续起到重要作用。

方向	技术	2022	2025	2030	2035	2040	2050	2060
能效提升	智能化数字化改造							
	外循环生料立磨技术							
	新型水泥熟料冷却技术							
	球磨机操作参数优化技术							
	利用立式辊磨机和辊压机的水泥粉磨技术							
	辅助生产设施系统效率提高技术							
	自动控制烧成技术							
	余热回收发电技术							
	熟料冷却器效率提高技术							
	多通道燃烧器技术							
	低压降的预热器技术							
	助熔剂或矿化剂的使用							
替代原料	硅钙渣替代原料技术							
	电石渣替代原料技术							
	粉煤灰替代原料技术							
	高炉矿渣替代原料技术							
替代燃料	直控电气化技术							
	电解碳酸钙脱碳技术							
	氢气替代燃料技术							
	工业废弃物燃料替代技术							
	生物质替代技术							
低碳水泥	混凝土细料回收再利用技术							
	未水化水泥回收再利用技术							
	煅烧黏土技术							
	CEM1-粉煤灰-石灰石粉低碳水泥							
	低熟料比水泥技术							
	硫铝酸钙水泥熟料							
	高贝利特水泥熟料							
	碱活化黏合剂技术							
	火山灰的减碳应用技术							
	提高混合材料比例技术							
	钢渣捕集水泥窑烟气CO$_2$制备固碳辅助性胶凝材料与低碳水泥							
	二氧化碳固化混凝土技术							
CCUS技术	CO$_2$直接捕获技术							
	Skymine工艺							
	捕集CO$_2$制碳纳米材料							
	钙循环技术							
	化学吸收法							
	富氧燃烧							

▶ 图 6-20　水泥低碳发展技术路径

6.2.1　宏观现状态势

钢铁行业是我国国民经济发展的重要基础产业，是建设现代化制造强国的重要支撑，是实现绿色低碳发展的重要领域。同时，钢铁行业是典型的资源、能源和碳排放密集型行业，是落实碳减排目标的重要责任主体。

我国是世界上最大的钢铁生产国，2021 年我国粗钢产量 10.35 亿吨，约占全球粗钢产量的 53%，居世界首位。2000—2021 年中国钢铁粗钢产量及其占比如图 6-21 所示。

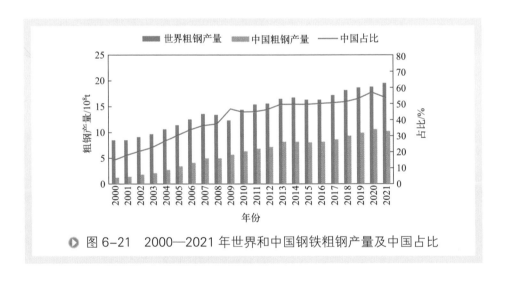

图 6-21　2000—2021 年世界和中国钢铁粗钢产量及中国占比

钢铁行业以煤、焦、天然气为主要能源，能耗约占我国工业总能耗的 15%，能源结构以煤炭为主（占比超过 90%），使其成为 CO_2 排放和污染物排放大户。我国钢铁行业占全国碳排放总量的 15%，CO_2 排放量仅次于电力行业，是碳排放量最高的制造业行业。随着《碳排放权交易管理办法（试行）》和《碳排放权交易管理暂行条例》的实施，钢铁行业将面临艰巨的任务和严峻的挑战。绿色低碳是中国钢铁行业实现转型升级高质量发展的关键，是提高行业竞争力的重要引擎。钢铁行业通过绿色低碳发展实现深度脱碳，将对碳达峰、碳中和全球气候目标达成具有重要的作用。

6.2.2　行业发展趋势

作为中国国民经济发展的重要支撑产业和高排放行业，钢铁行业应加快绿色低碳转型，统筹谋划目标和任务，科学制定绿色低碳转型方案。这不仅是实现碳达峰、碳中和目标的重要方向，也是落实全球应对气候变化目标的重要途径。

（1）调整钢铁原料结构，提升废钢利用水平

为继续深化钢铁行业供给侧结构性改革，切实推动钢铁行业由大到强转变，工业和信息化部、国家发展改革委和生态环境部三部委编制了《关于促进钢铁工业高质量发展的指导意见》，提出增强创新发展能力、严禁新增钢铁产能、优化产业布局结构、推进企业兼并重组、有序发展电炉炼钢、深入推进绿色低碳等建议，并制定了如下目标：力争到2025年，电炉钢产量占粗钢总产量比例提升至15%以上，钢铁工业利用废钢资源量达到3亿吨以上；确保2030年前碳达峰。不同的钢铁生产流程，其 CO_2 排放强度差异较大。使用废钢的电炉短流程相较高炉-转炉长流程吨钢可减少2/3的 CO_2 排放。加大废钢的回收和利用、提高电炉钢的比例是实现碳减排的有效途径。不同钢铁生产流程参数对比见表6-1。

表6-1　不同钢铁生产流程参数对比

流程	吨钢铁矿石消耗量/t	吨钢CO_2排放量/t	吨钢能耗（标准煤）/kg
高炉-转炉长流程	约1.65	2.0～2.4	600～700
全废钢电炉短流程	0	0.5～0.7	350

（2）实现低碳冶金技术突破，推动钢铁行业低碳技术创新

国外钢铁行业已不同程度地对具有突破性的低碳技术开展研究并进行示范验证，取得了一定进展和成果，例如欧盟的超低二氧化碳排放（ULCOS）项目、日本COURSE50项目等。目前，中国也在氢冶金、CCUS技术方面开展了深入的研究和合作。2019年1月，中核集团、宝钢集团和清华大学三方签订了氢能炼钢合作框架协议，将核能制氢技术带入了大众的视野。2019年11月，河钢集团组建氢能技术与产业创新中心，并与意大利特诺恩集团在氢冶金技术方面开展深入合作，建设全球首例120万吨规模的氢冶金示范工程。中国钢铁企业规划布局的其他钢铁低碳项目包括中国宝武-八钢富氢碳循环试验项目、湛江零碳冶金项目、包钢（集团）200万吨级CCUS一期50万吨示范项目等也取得了重要突破或进展。

（3）继续推进节能提效，改变能源结构模式

钢铁生产的能源利用效率对其CO_2排放有直接影响，提升能效水平是未来十年内钢铁工业节能减排的重点。目前，钢铁行业面临着巨大的减排压力。尽快提高钢铁行业能源利用效率，并改变国内钢铁行业的原料结构，是实现节能减排迫在眉睫的发展目标和实现碳达峰的有力保障。钢铁行业应该从根本上改善能源消费结构，减少煤炭消耗，提升可再生能源利用技术，实现能源结构低碳化发展，从源头解决以煤炭为主的能源结构所导致的碳排放问题。能源管控系统是工信部推出的节能先进适用技术之一，也是企业实现能源精细化管理的重要措施。对智慧能源系统进行进一步开发，大力发展智能制造，是提升钢铁工业绿色化、智能化水平的重要手段。

（4）推进产业间耦合发展，构建跨资源循环利用体系

《关于促进钢铁工业高质量发展的指导意见》指出，促进产业耦合发展，强化钢铁工业与新技术、新业态融合创新。钢铁生产不仅可以制造钢铁产品，还具备能源转换和社会大宗固体废物消纳处理功能。钢铁生产的副产品如高炉渣可以制水泥，蒸汽和副产煤气可以用于发电或化工

行业。推进产业间耦合发展，加强钢化联产可以实现钢铁生产中副产品的高附加值利用，是实现钢铁行业低碳发展的重要途径。钢铁生产与化工、水泥跨行业耦合模式见图6-22。

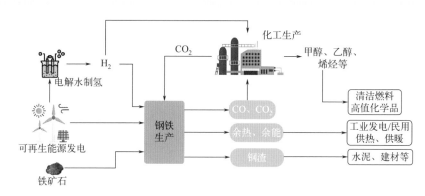

图6-22　钢铁生产与化工、水泥跨行业耦合模式

（5）积极开展碳达峰及降碳行动，加强碳资产管理

钢铁行业应做好参与碳资产管理的相关工作，核心企业应发挥示范引领作用。钢铁企业应对自身进行全面碳核查，加强碳预算管理和构建碳预算框架，并构建碳资产管理绩效评价体系，指导企业碳资产管理运行，从而更加科学地管理钢铁企业的碳资产，提高产品的竞争力。

6.2.3　关键技术问题

"碳达峰"和"碳中和"是中国钢铁行业未来发展的总体目标，降低碳排放是钢铁行业需要共同攻克的技术难题。在中国钢铁产能过剩、钢铁产量饱和的大背景下，"碳达峰"需要依靠政策驱动，通过严格限制新增钢铁产能，控制钢铁产量来实现。在中国能源结构以煤为主，同时全社会钢铁蓄积量不足的条件下，"碳中和"必须依靠技术驱动，可以从源头减碳、过程节碳和末端用碳三个层面进行钢铁生产低碳技术研发，实现钢铁行业的"碳中和"。

源头减碳主要侧重于开发新的钢铁生产工艺，通过氢基直接还原、氢等离子体熔融还原和铁矿石电解等工艺技术的研究，开发无碳冶金新技术，从源头减少钢铁行业化石能源消耗。

过程节碳重点关注现有钢铁生产路线，对现有流程进行调整或优化，对现有钢铁厂进行优化、改造，节约能源、降低消耗，以减少二氧化碳的排放，并与 CCUS 进行耦合，实现深度脱碳。主要技术研究方向包括高炉喷吹、氧气高炉、熔融还原等。

末端用碳主要是从钢铁生产产生的煤气／烟气中捕集 CO_2 或 CO，并利用捕集的含碳资源进一步生产高值含碳产品，从而减少 CO_2 排放。重点开展 CO 转化和 CCUS 等新技术研究。

废钢电炉短流程炼钢属于资源的再生循环利用，可以大幅度降低化石能源消耗和 CO_2 排放。与高炉 - 转炉长流程炼钢相比，电炉短流程炼钢不需要铁矿石，不消耗焦炭和煤粉，消耗的主要能源为电。提高粗钢生产中电炉钢比例是降低中国钢铁工业碳排放最直接有效的措施，然而中国钢铁蓄积量少、废钢产生量少，不能满足废钢需求。根据欧美发达国家钢铁工业发展经验，随着中国钢铁蓄积量的增加，未来中国废钢产量将会大幅度增加，电炉钢比例将逐渐提高，预计 2060 年前中国电炉钢比例将达到 60% ～ 70%，电炉短流程炼钢将成为中国钢铁行业实现"碳中和"的重要途径之一。

氢冶金，特别是氢气竖炉直接还原，是以 H_2 作为还原气直接还原铁矿石。利用可再生能源发电，然后电解水制取氢气，用氢气还原铁矿石，可以从根本上避免 CO_2 排放。但氢冶金产业化应用的核心是低成本氢气的来源。为了推动电解水制氢 - 氢冶金技术的发展，需要进一步研究提高电解水制氢的能源效率，降低电解水能耗和生产成本，扩大电解水制氢规模，从而解决氢冶金的低成本氢气来源问题，助力中国钢铁行业早日实现"碳中和"。

钢铁生产高炉 - 转炉流程的基数大，而且短期内仍占主导地位。传统高炉冶炼工艺无法避免煤/焦炭的使用，高炉喷吹富氢气体、氧气高炉等技术可以减少碳排放，但减排量有限，必须与末端碳捕集、利用与封存相结合，才能实现"碳中和"。但现有的碳捕集方法存在能耗高、经济性不高等问题，需要开发低成本的 CO_2 捕集方法，并进一步与钢铁生产进行集成应用。同时，CO_2 捕集的目的是进行 CO_2 的封存或资源化利用，从而减少大气中 CO_2 的排放，因此，需要进一步评估封存风险并对 CO_2 资源化利用路线进行选择。

6.2.4　技术发展路线

钢铁行业低碳发展技术路线图见图 6-23。

近期（2021—2030 年），在 2030 年前"碳达峰"的目标下，结合行业发展现状，面向占据约 90% 产能的高炉 - 转炉流程，主要应用节能降耗技术。同时，利用好废钢资源提高电炉钢产量，减少高炉 - 转炉钢产量。此外，还应大力支持钢铁低碳生产先进技术的研究、开发和应用。

中期（2031—2040 年），随着全社会废钢的积累和钢铁需求的缓慢下降，将高效节能的高炉 - 转炉长流程和废钢 - 电炉短流程相结合，进一步提高废钢 - 电炉短流程的比例。此外，钢铁行业应加快替代能源的发展，努力减少化石能源的使用量，促进能源结构多元化。同时，加快氢冶金和 CCUS 项目的工业示范与实施。

中远期（2041—2050 年），在"碳中和"目标下，形成高效节能的高炉 - 转炉、废钢 - 电炉和氢基直接还原 - 电炉三种流程相结合的流程结构，大幅提高清洁能源的应用比例，并积极探索和应用适合钢铁工业的各类创新低碳技术，如电解铁矿石、氢等离子体冶金等。

远期（2051—2060 年），钢铁行业不断推广上述低碳生产技术，并实现钢铁行业的碳中和。此外，应加强应对气候变化的国际合作，支持制定全球标准和规范，建立绿色钢铁生产体系。

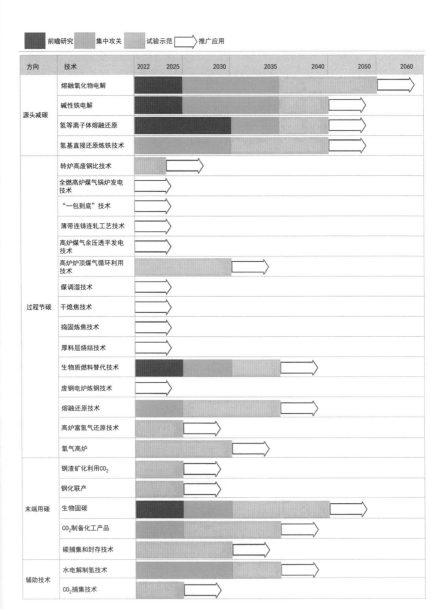

● 图 6-23　钢铁行业低碳发展技术路线图

6.3 交通领域

6.3.1 宏观现状态势

交通运输作为我国国民经济中基础性、战略性、先导性产业，是我国实现可持续、高质量发展的关键领域，同时也是我国化石能源消耗和温室气体排放的重点领域。当前，交通部门的能源消费结构依然以化石燃料为主。截至 2020 年交通领域的二氧化碳排放量约占我国二氧化碳排放总量的 10%。2010 年以来，交通领域的碳排放高速增长，年均增长率达 6% 左右，是我国碳排放增长最快的领域，已成为我国碳排放增长的主要来源之一。

交通运输领域的能源消费量增长迅速。我国交通领域的能源消费量自 2010 年至 2019 年一直呈现增长态势，年均增长率为 5.5%，2020 年交通运输的货运量和客运量均有不同程度的下降，导致 2020 年交通领域的能源消费量较 2019 年下降 6%，当年交通的能源消费量占国内能源消费总量的 8.3%。2010—2020 年交通领域能源消费量及占国内能源消费总量比重见图 6-24。我国交通运输正处于高速发展阶段，随着国民经济和城镇化持续高速发展，未来我国对交通运输的需求仍将保持上升趋势，相应的能源消费也将继续增长。国务院发布的《2030 年前碳达峰行动方案》中提出：陆路交通运输石油消费力争 2030 年前达到峰值。

交通运输领域的能源消费以成品油为主。当前汽油、柴油、航空煤油、燃料油等油品是交通用能的主体，电力、醇类燃料、生物燃料等能源消费占比较小。2020 年我国交通领域的能源消费中，成品油和天然气的用量占交通终端用能的 97.5%。2020 年我国交通运输领域的能源消费结构见图 6-25。

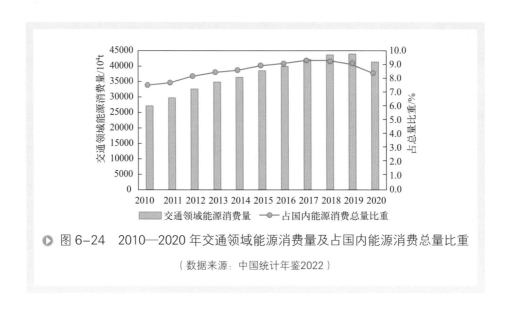

▶ 图 6-24　2010—2020 年交通领域能源消费量及占国内能源消费总量比重

（数据来源：中国统计年鉴2022）

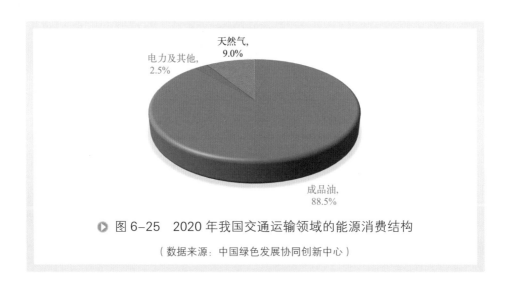

▶ 图 6-25　2020 年我国交通运输领域的能源消费结构

（数据来源：中国绿色发展协同创新中心）

　　交通运输领域的碳排放总量呈持续上升态势。我国经济处于稳步发展阶段，城镇化进程持续促进了交通运输量的大幅增长，相应的二氧化碳排放量也增长迅速：从 2010 年的 6.3 亿吨上升到 2020 年的近 11 亿吨，二氧化碳排放量年均增长率约为 6%。其中，公路运输是交通领域碳排放的重点领域，约占交通领域碳排放总量的 75%，是我国交通运输部门节能减排的关键。2010—2020 年我国交通运输各子领域的二氧化碳排放情况见图 6-26。

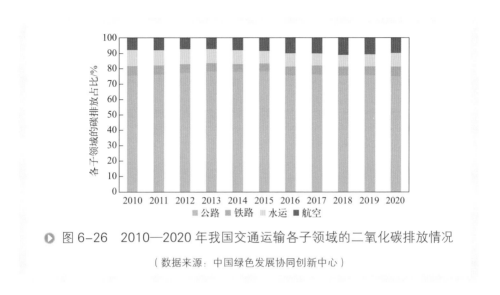

● 图 6-26　2010—2020 年我国交通运输各子领域的二氧化碳排放情况

（数据来源：中国绿色发展协同创新中心）

6.3.2　行业发展趋势

交通运输领域的绿色低碳发展是加快建设交通强国、服务国家碳达峰碳中和目标，实现经济社会与能源环境可持续发展的重要举措。交通运输的绿色低碳转型关键是推进交通运输领域的能源清洁替代，推行绿色低碳交通设施装备；重点是积极扩大电力、氢能、天然气、先进生物液体燃料等新能源及清洁能源交通工具在交通运输领域的应用，完善充换电、加氢、加气（LNG）站点布局及服务设施，降低交通运输领域清洁能源用能成本。

公路运输与铁路运输正在推进新能源替代。近年来，在国家的大力扶持和引导下，新能源汽车产销量呈现高速增长态势，其保有量从 2014 年的 22 万辆快速增长到 2022 年的 1310 万辆，占国内汽车总量的 4.1%。新能源汽车中纯电动汽车保有量占比最高，占新能源汽车总量的比例基本保持在 80% 左右。2014—2022 年我国新能源汽车保有量情况见图 6-27。

铁路运输的电气化也在快速发展，电气化牵引已成为我国铁路的最主要动力来源。2013 年我国铁路的电气化率为 54.1%，截至 2021 年，我国铁路电气化率已达到 73.3%，电气化里程达到 10.9 万公里，均居世界第一位。2013—2021 年我国电气化铁路运营里程和铁路电气化率情况见图 6-28。

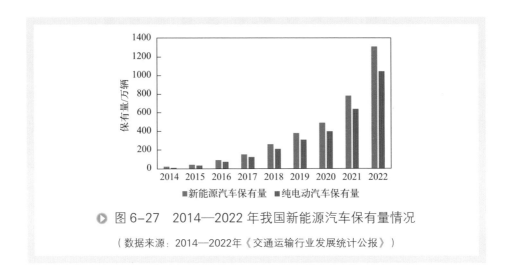

● 图 6-27　2014—2022 年我国新能源汽车保有量情况

（数据来源：2014—2022年《交通运输行业发展统计公报》）

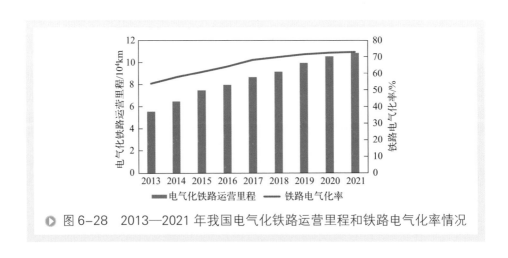

● 图 6-28　2013—2021 年我国电气化铁路运营里程和铁路电气化率情况

　　水路运输与航空运输的新能源替代技术有待突破。水路和航空运输是交通领域的碳减排难点。水路运输方面，应重点发展电动、液化天然气动力船舶，推进氢基燃料（氢、氨、甲醇等）的应用研发和示范，同时深入推广船舶靠港使用岸电。航空运输方面，最具发展潜力的替代能源是生物航空煤油燃料，生物燃料的可持续性和环保性已被广泛认同，但目前生物燃料的应用尚处在试验示范阶段，其生产过程存在原料供应困难和生产成本高等难题；电动飞机和氢动力飞机也是当前研究的热点，但技术层面仍有待突破。

6.3.3　关键技术问题

交通运输的全面绿色低碳转型主要以提升交通运输装备能效利用水平为基础，以优化交通运输用能结构、提高交通运输组织效率为关键，加快形成绿色低碳交通运输方式，助力实现碳达峰碳中和目标。

交通运输的绿色低碳转型重点在于推广节能低碳型交通工具、优化交通运输结构、积极引导低碳出行三个行动举措方面。本书中交通运输的低碳发展聚焦在推广节能低碳型交通工具领域，主要包括发展新能源和清洁能源运输工具技术与发展运输装备能效提升技术两方面。

发展新能源和清洁能源运输工具技术。推广低碳运输工具是推动交通运输实现碳中和的关键措施，核心是推进电力、氢能、天然气、先进生物液体燃料等新能源、清洁能源在交通运输领域的应用。积极推广纯电动、氢燃料电池、可再生合成燃料等新能源车辆，加快推进公务用车和城市公共服务车辆的电动化替代，推进重型货运车辆电力、氢燃料、液化天然气动力的示范应用。加快实施铁路的电气化改造，进一步提升铁路电气化水平。加强船舶替代燃料技术的攻关，探索甲醇、氢、氨等新型绿色动力船舶的示范应用，有序开展电动、液化天然气动力船舶的试点运营建设。推广可持续航空燃料的应用，培育壮大生物航空煤油燃料产业，降低成本、扩大商业化应用；布局研发电动、氢动力等新一代能源航空器技术。

发展运输装备能效提升技术。重点聚焦在加强节能技术的研发和应用、持续提升燃油车船能效标准、加快老旧运输工具的更新改造和淘汰等方面。关键措施包括：推广交通智能化技术，将第五代移动通信（5G）、物联网、大数据、云计算、人工智能等智能网联技术与交通运输深度融合，逐步普及车辆自动驾驶、智能船舶驾驶等节能驾驶和车辆与电网互动（vehicle to grid，V2G）技术；推进运输装备新材料的开发，实现材料的轻量化、高强化、功能化，支撑运输装备能源转换效率的提升；推动运输装备节电节油技术的研发应用，提高能源的利用效率；构建绿色、可持续发展的交通自洽能源系统，促进交通与能源特别是清洁能源的绿色融合发展，实现交通领域能源的"自产自消"，形成一体化的"交能融合"。

6.3.4 技术发展路线

公路交通方面，重点发展以电力、氢能、液化天然气等新能源和清洁能源为动力的车辆技术。私家车、城市公共服务车辆（公交、出租和城市物流配送车等）以电动汽车技术为主，需进一步加快推进电动化进程，完善充换电技术及基础设施网络；推广电力、氢燃料、液化天然气动力重型货运车辆，需重点提升长续航里程电池技术，开展换电模式的探索和应用，突破氢燃料电池的性能、成本、寿命等关键技术问题。

铁路交通方面，深入推进电气化技术，开展磁悬浮列车、氢动力列车等技术的创新和示范，研究和推广新能源和可再生能源在铁路运行中的大范围应用，提升铁路的电气化率。

水路交通方面，重点发展电动、液化天然气动力船舶，推动内河船舶的电动化和液化天然气清洁燃料的示范应用，鼓励船舶靠港使用岸电；积极研发甲醇、氢、氨等新型替代燃料技术的动力船舶，开展沿海、内河绿色智能船舶示范应用；降低新能源船舶新建和改装成本，不断完善配套的基础设施体系。

航空交通方面，加快开展可持续航空燃料技术的研究应用，重点发展生物航空煤油技术，提升生物航空煤油的关键性能，降低使用成本，有序推动可持续航空燃料的示范工程建设和规模化应用。推进电动、氢能等新能源航空器技术的科技创新，积极展开试点先行先试，深度助力航空业的脱碳。

2020—2060 年交通运输领域低碳技术发展路线图见图 6-29。

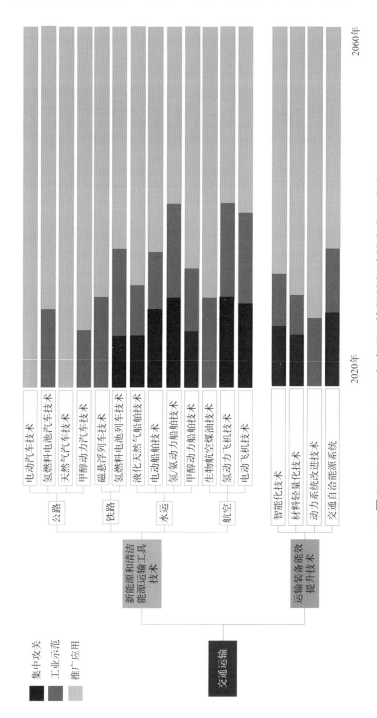

▶ 图 6-29 2020—2060 年交通运输领域低碳技术发展路线图

第7章

二氧化碳捕集、利用与封存领域

7.1 宏观现状态势

碳捕集、利用与封存技术（carbon capture, utilization and storage, CCUS）是指将 CO_2 从工业过程、能源利用或大气中分离出来，输送至一定场地后直接加以利用或注入地层以实现 CO_2 永久减排的一系列技术的总和。CCUS 的过程可分为四个技术环节：CO_2 捕集、CO_2 运输、CO_2 利用和 CO_2 封存。其中 CO_2 捕集是指从工业生产、能源利用或大气中分离 CO_2 的过程。CO_2 运输是指将捕集的 CO_2 输送到可利用或封存场地的过程，按照运输工具的不同可进一步划分为罐车运输、管道运输和船舶运输等。CO_2 利用是指通过工程技术手段对捕集的 CO_2 实现资源化利用的过程，按照利用方式的不同可进一步划分为化工利用、生物利用和地质利用等。CO_2 封存是指借助工程技术手段将捕集纯化后的 CO_2 注入地质构造实现 CO_2 的长期封存。CCUS 各环节如图 7-1 所示。随着各种新兴技术的快速发展和碳减排工作的持续推进，生物质能碳捕集与封存（bioenergy with carbon capture and storage, BECCS）、直接空气捕集与封存（direct air carbon capture and storage，DACCS 或 DAC）等新兴负排放技术陆续受到关注。按不同环节的组合关系，CCUS 产业模式可以包括 CCS（碳捕集与封存）、CCU（碳捕集与利用）、CCUS（碳捕集、利用与封存）。根据减排效应的不同，可将 CCUS 分为减碳技术、低碳技术以及负碳技术（包括 BECCS 和 DACCS）。

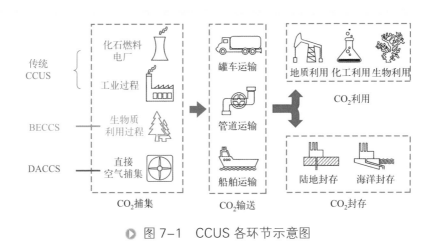

图 7-1　CCUS 各环节示意图

从全球视角看，CCUS 技术大致分为四个发展阶段，即技术孕育阶段、诞生与发展阶段、研发与示范阶段、商业化初期快速增长阶段，目前已进入最后一个发展阶段。全球 CCUS 发展历程如图 7-2 所示。随着 CCUS 技术研发和应用示范的不断推进，近年来全球主要国家和地区在 CCUS 项目数量、激励政策、法律法规、监管机制等方面取得了长足进展。图 7-3 总结了不同行业（电力、化工、钢铁 / 水泥、天然气处理分离和全产业链）的全球 CCUS 典型项目，其中最早报道的大规模 CCUS 项目是 1972 年美国得克萨斯州投产的 Terrell 天然气处理厂项目（40 万～50 万吨每年）；随后，1982 年美国俄克拉何马州 Enid 项目建成，此项目通过捕集化肥厂产生的 CO_2 用于油田驱油（70 万吨每年）。1996 年，挪威作为最先开展 CCUS 项目研究的国家之一建成了全球首个将海上天然气

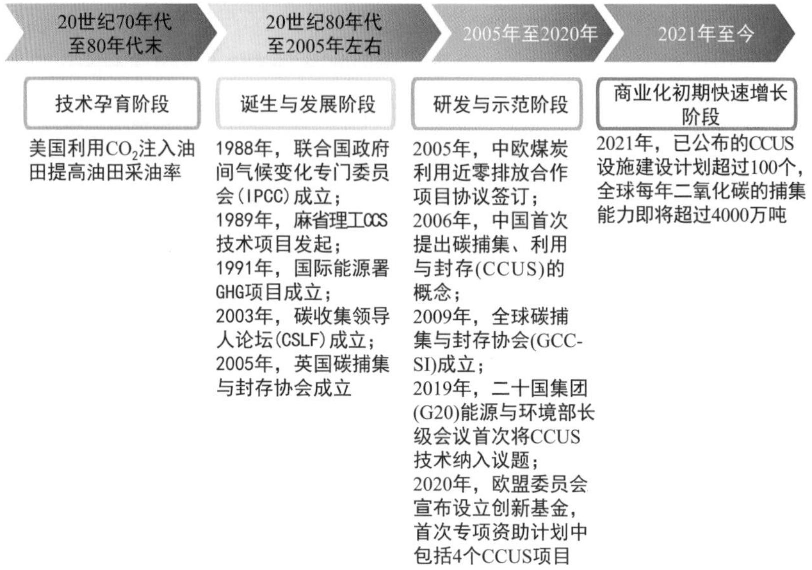

20世纪70年代至80年代末	20世纪80年代至2005年左右	2005年至2020年	2021年至今
技术孕育阶段	诞生与发展阶段	研发与示范阶段	商业化初期快速增长阶段
美国利用CO_2注入油田提高油田采油率	1988年，联合国政府间气候变化专门委员会（IPCC）成立；1989年，麻省理工CCS技术项目发起；1991年，国际能源署GHG项目成立；2003年，碳收集领导人论坛（CSLF）成立；2005年，英国碳捕集与封存协会成立	2005年，中欧煤炭利用近零排放合作项目协议签订；2006年，中国首次提出碳捕集、利用与封存（CCUS）的概念；2009年，全球碳捕集与封存协会(GCC-SI)成立；2019年，二十国集团(G20)能源与环境部长级会议首次将CCUS技术纳入议题；2020年，欧盟委员会宣布设立创新基金，首次专项资助计划中包括4个CCUS项目	2021年，已公布的CCUS设施建设计划超过100个，全球每年二氧化碳的捕集能力即将超过4000万吨

▶ 图 7-2　全球 CCUS 发展历程

处理过程中的 CO_2 无须运输直接注入地下咸水层进行封存的 Sleipner 项目，这是全球首个深部咸水层百万吨级 CCUS 地质封存商业化项目。此后陆上天然气处理 Snohvit 项目投产运行，并且正在与壳牌和道达尔合作，积极推进北极光 CCS 项目。由于快速进行的工业化过程和日益加剧的全球变暖趋势，CCUS 技术受到越来越多的国家的关注和重视。此后，美国、加拿大、澳大利亚及日本等国家加速推进 CCUS 项目的工业化。2000 年，加拿大与美国合作在 Weyburn 油田注入来自电厂捕集的 CO_2：一是提高油田采油率，二是将其封存在地下。2014 年，加拿大萨省电力公司的边界大坝项目建成，这是世界上第一个成功应用于燃煤电厂的 CCUS 商业化项目（100 万吨每年）。2015 年建成的加拿大壳牌 Quest 项目是截至目前全球最大 CCS 项目，也是油砂行业第一个 CCS 项目，该项目将合成原油制氢过程中的 CO_2 注入咸水层封存（100 万吨每年）。2016 年在澳大利亚进行的 Gorgon 项目是全球最大的专用于地质封存的项目（350 万吨每年）。

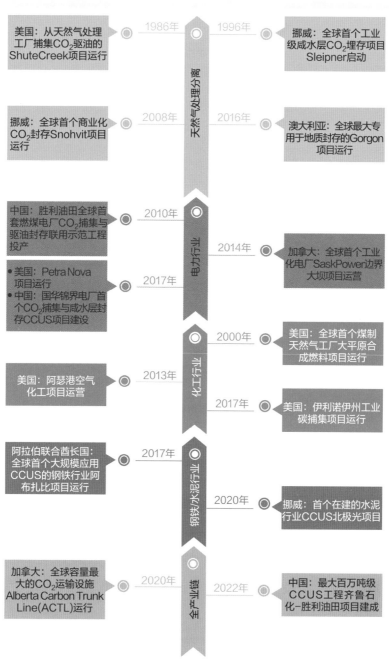

美国：从天然气处理工厂捕集CO_2驱油的ShuteCreek项目运行 —— 1986年

1996年 —— 挪威：全球首个工业级咸水层CO_2埋存项目Sleipner启动

挪威：全球首个商业化CO_2封存Snohvit项目运行 —— 2008年

2016年 —— 澳大利亚：全球最大专用于地质封存的Gorgon项目运行

天然气处理分离

中国：胜利油田全球首套燃煤电厂CO_2捕集与驱油封存联用示范工程投产 —— 2010年

2014年 —— 加拿大：全球首个工业化电厂SaskPower边界大坝项目运营

• 美国：Petra Nova项目运行
• 中国：国华锦界电厂首个CO_2捕集与咸水层封存CCUS项目建设 —— 2017年

电力行业

2000年 —— 美国：全球首个煤制天然气工厂大平原合成燃料项目运行

美国：阿瑟港空气化工项目运营 —— 2013年

2017年 —— 美国：伊利诺伊州工业碳捕集项目运行

化工行业

阿拉伯联合酋长国：全球首个大规模应用CCUS的钢铁行业阿布扎比项目运行 —— 2017年

2020年 —— 挪威：首个在建的水泥行业CCUS北极光项目

钢铁水泥行业

加拿大：全球容量最大的CO_2运输设施Alberta Carbon Trunk Line(ACTL)运行 —— 2020年

2022年 —— 中国：最大百万吨级CCUS工程齐鲁石化-胜利油田项目建成

全产业链

▶ 图 7-3　全球 CCUS 典型项目

我国十分重视 CCUS 技术发展，早在 2003 年，我国就通过国家自然科学基金资助了二氧化碳驱替煤层气的相关基础研究，并且持续资助 CCUS 相关研究，促进技术发展。2011 年，我国开始系统性地集中支持 CCUS 关键技术突破，促使 CCUS 的研发迎来了第一个高峰期，同时在 CCUS 试验示范方面也取得了一定的进展。2009 年华能上海石洞口第二电厂 10 万吨级碳捕集项目建成投产，这是我国第一个规模达到 10 万吨每年的碳捕集项目。2011 年 5 月国家能源集团神华煤制油鄂尔多斯咸水层封存项目开始二氧化碳连续注入作业，目前注入暂停，已进入监测期。这是我国实施的首个地下咸水层二氧化碳封存项目，也是我国第一个全流程 CCUS 示范项目，同时是目前亚洲唯一的 10 万吨级地下咸水层二氧化碳封存项目。同年，科技部发布《中国碳捕集、利用与封存技术发展路线图研究》，正式定义了 CCUS 的概念，促使 CCUS 开始被我国正式发布文件所采用。路线图于 2019 年进行了更新（《中国碳捕集利用与封存技术发展路线图（2019 版）》），进一步明确了 CCUS 的发展方向，突出考虑了 CCUS 技术的综合效益，提出了构建低成本、低能耗且安全可靠的 CCUS 技术体系与产业集群的总体目标和发展规划。2013 年，科技部发布了《"十二五"国家碳捕集利用与封存科技发展专项规划》，国家发改委发布了《关于推动碳捕集、利用和封存试验示范的通知》，进一步推广部署了 CCUS 全链条试验示范和技术突破，探索激励机制，加强战略规划和标准规范制定；同年，环境保护部（现生态环境部）发布《关于加强碳捕集、利用和封存试验示范项目环境保护工作的通知》，提出加强 CCUS 环境影响评价，积极推进环境影响监测，探索建立环境风险防控体系，推动环境标准规范制定，加强基础研究和技术示范，加强能力建设和国际合作。2016 年国家发改委、国家能源局共同发布了《能源技术革命创新行动计划（2016—2030 年）》，将 CCUS 列为能源技术革命重点，提出 CCUS 战略方向及 2020 年、2030 年、2050 年发展目标；同年环境保护部发布了《二氧化碳捕集、利用与封存环境风险评估技术指南（试行）》，规范和指导 CCUS 项目的环境风险评估工作。随后 CCUS 项目在各个行业得到了重视并开展了相关示范项目。总而言之，我国正在有序推进 CCUS 的技术研发和推广应用。我国 CCUS 发展历程大事件总结见图 7-4。

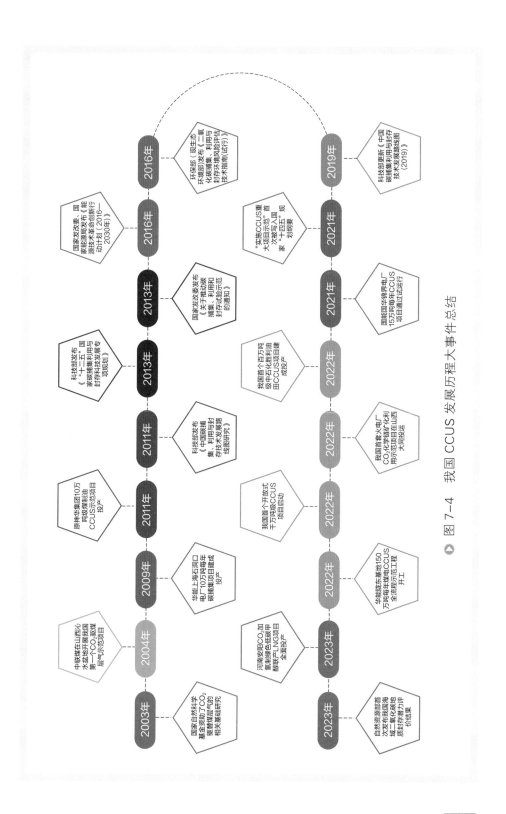

● 图7-4 我国CCUS发展历程大事件总结

CCUS 技术是实现"双碳"目标不可或缺的技术途径，我国已在技术研发和工程应用等方面具备了一定的研究和储备基础，但目前仍然处于研发和示范阶段，在大规模产业化应用推广方面面临许多挑战。对我国在 CCUS 领域的发展作了 SWOT 分析 ❶（图 7-5），具体如下。

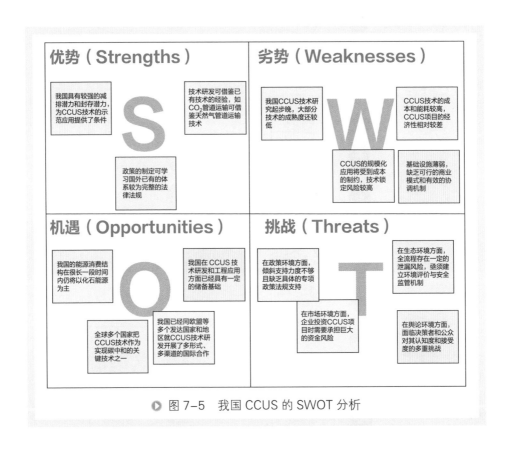

優势（Strengths）

我国具有较强的减排潜力和封存潜力，为CCUS技术的示范应用提供了条件

技术研发可借鉴已有技术的经验，如CO₂管道运输可借鉴天然气管道运输技术

政策的制定可学习国外已有的体系较为完整的法律法规

劣势（Weaknesses）

我国CCUS技术研究起步晚，大部分技术的成熟度还较低

CCUS技术的成本和能耗较高，CCUS项目的经济性相对较差

CCUS的规模化应用将受到成本的制约，技术锁定风险较高

基础设施薄弱，缺乏可行的商业模式和有效的协调机制

机遇（Opportunities）

我国的能源消费结构在很长一段时间内仍将以化石能源为主

我国在CCUS技术研发和工程应用方面已经具有一定的储备基础

全球多个国家把CCUS技术作为实现碳中和的关键技术之一

我国已经同欧盟等多个发达国家和地区就CCUS技术研发开展了多形式、多渠道的国际合作

挑战（Threats）

在政策环境方面，倾斜支持力度不够且缺乏具体的专项政策法规支持

在生态环境方面，全流程存在一定的泄漏风险，亟须建立环境评价与安全监管机制

在市场环境方面，企业投资CCUS项目时需要承担巨大的资金风险

在舆论环境方面，面临决策者和公众对其认知度和接受度的多重挑战

▶ 图 7-5　我国 CCUS 的 SWOT 分析

优势分析：我国碳排放量大，具有较强的减排潜力，而且具有相对较大的封存容量和潜力，这为 CCUS 技术提供了示范应用的条件，目前我国 CCUS 技术的示范项目已经初具规模。此外结合 CCUS 技术的自身

---

❶ SWOT 分析是指企业在战略选择时，对企业内部条件的优势与劣势以及外部环境的机会与威胁进行综合分析，据此对备选战略方案作出系统评价，最终选出一种适宜的战略的分析方法。其中 S 代表 strength(优势)，W 代表 weakness(劣势)，O 代表 opportunity(机遇)，T 代表 threat(挑战)。S、W 是内部因素，O、T 是外部因素。

特点，技术研发可以借鉴已有技术的经验，如 CO_2 管道运输的技术研究与天然气管道运输技术类似；政策的制定也可以学习和借鉴国外已有的体系较为完整的法律法规，目前我国提出的各项政策和规划中都将 CCUS 技术作为重要的节能减排和低碳技术之一。

劣势分析：首先我国 CCUS 技术研究起步晚，因此大部分技术的成熟度还较低；CCUS 技术的成本和能耗较高，导致 CCUS 大规模项目的经济性相对较差，CCUS 的规模化应用必将受到成本的制约，技术锁定风险较高。同时基础设施薄弱也将会限制 CCUS 产业的集群化发展。此外，由于 CCUS 技术具有跨学科、跨领域的特点，跨行业的商业运行模式和合理可行的协调机制有待形成。

挑战分析：当前实现 CCUS 产业的规模化发展仍面临着许多挑战。首先，在政策环境方面，倾斜支持力度不够且缺乏具体的专项政策法规支持，急需政府、部门出台有力的政策工具以支持 CCUS 技术的推广应用。在市场环境方面，企业投资 CCUS 项目时需要承担巨大的资金风险，由于投资大、收益不确定性高，现有激励机制不足以激发企业的积极性。在生态环境方面，CCUS 技术环节从捕集、运输到注入封存的整个流程中会存在一定的泄漏风险，亟须建立环境评价与安全监管机制。在舆论环境方面，目前大众对 CCUS 技术是否会对环境产生影响仍存在顾虑，因此 CCUS 技术还面临决策者和公众对其认知度和接受度的多重挑战。

机遇分析：首先，我国的能源消费结构在很长一段时间内仍将以化石能源为主，这为 CCUS 的发展应用提供了一定的市场；其次，我国已经同欧盟等多个发达国家和地区就 CCUS 技术研发开展了多形式、多渠道的国际合作，可学习借鉴大规模全流程 CCUS 项目的建设经验；最后，我国在 CCUS 技术研发方面已经具有一定的储备基础，目前已有许多科研队伍正在攻关领域内的关键技术。

7.2 行业发展趋势

CCUS 技术是长环节、跨领域、众路线的多技术产业，技术发展是 CCUS 产业降低成本和提升效率的一个重要驱动力。CCUS 产业链的上下游协同发展有利于助推 CCUS 项目快速发展和 CCUS 技术规模化应用，实现创新链与产业链有效对接和深度融合，全球和我国的 CCUS 产业链与创新链见图 7-6 和图 7-7。

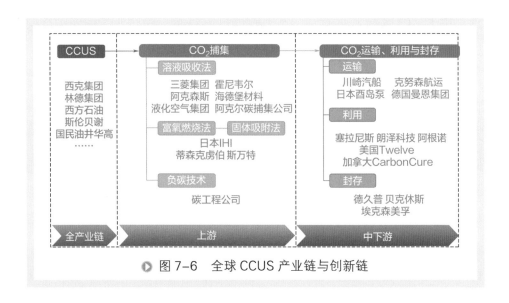

图 7-6 全球 CCUS 产业链与创新链

CCUS 技术供应方面，全球已有多家著名的头部企业和初创公司可提供 CCUS 技术和关键设备，在产业链的上中下游均有分布。布局技术最多的是上游碳捕集过程，如法国液化空气集团开发的胺基化学吸收法和低温甲醇洗工艺等，用于低碳氢气的制备；霍尼韦尔提供成熟的溶剂、膜、吸附剂和低温技术；荷兰壳牌集团和加拿大 Svante（斯万特）公司则主要提供基于固体吸附剂的变温吸附法（TSA）技术；加拿大 CarbonCure 公司通过储存二氧化碳和回收混凝土产品中的废物来实现碳捕集。冰岛 Carbfix 提供了一个完整的碳捕集与封存方式，将溶解在水中的二氧化碳注入地下，

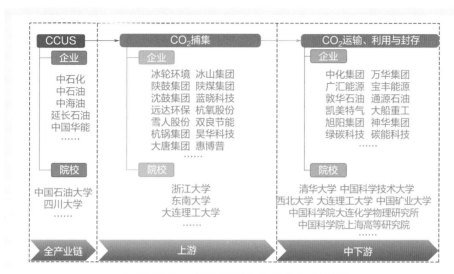

图 7-7　我国 CCUS 产业链与创新链

通过自然过程形成固体碳酸盐矿物以实现永久封存。中游和下游环节所需的运输设备和监测设备以及全产业链所需的管道系统、脱水调节系统、节能泵送系统等方面均有相关企业布局。如捕集后 CO_2 含量和剩余组分的测量对于控制和优化目标至关重要，德国西克集团研发的连续气体分析仪能够准确测量气体混合物中 CO_2 和其他成分的浓度。美国斯伦贝谢公司则采用自动化、人工智能和全面数据管理技术为 CO_2 排放企业提供捕集及封存解决方案，技术服务覆盖 CCUS 项目生命周期中的初步地面和地下评价、捕集工厂、管道、井、地下、动静态模型、地质力学等设计，并实时更新优化，以提高注入及封存安全性，以及通过多种数据源实现长期持续监控。

　　近些年来我国 CCUS 技术取得了显著成效，技术发展水平与国外先进水平相当且部分技术具备领先优势，但是关键技术仍存在较大差距。其中中国石油大学、四川大学和浙江大学等高校在 CCUS 技术研发方面走在前列。从碳捕集、利用的技术提供者或设备供应商来看，以中石化、中石油、中海油、中国华能、国家能源集团等国有企业为主，具备

CCUS 全流程项目的技术与经验。但是目前 CCUS 技术成本和能耗较高、技术成熟度偏低，商业模式尚不完善，因此 CCUS 技术的减排潜力在短时间内难以释放。总之在技术发展方面，CCUS 技术总体上已处于研发与示范阶段。

7.3 关键技术问题

CCUS 产业发展的重点是持续推进科技创新和前沿技术的应用落地。CCUS 项目目前仍面临技术成本高、投资风险大、建设周期长等挑战。CCUS 技术发展的重点是聚焦碳元素高效转化和循环利用问题，发展 CO_2 捕集、转化和耦合利用相关的负排放技术，实现 CO_2 源头低能耗捕集在碳密集型行业的规模应用。图 7-8 为 CCUS 领域各环节关键科学和工程问题。具体如下。

CO_2 捕集成本的降低是 CCUS 全链条技术研发的重点，其中碳捕集系统的设备尺寸和材料选择、工艺的复杂性及其与基础设施的集成是影响碳捕集成本的三个关键技术因素，其面临的关键科学和工程问题包括：低能耗、低成本碳捕集原理，包括捕集动力学和热力学机制等理论研究；第二代、第三代捕集技术的研发，如二代吸收剂、固体吸附剂、化学链捕集技术、Allam 循环等；直接空气碳捕集等分布源捕集技术；不同排放源捕集技术与能源、工业等领域系统的集成耦合等。

CO_2 运输和地质利用封存过程的安全性是 CCUS 技术实现大规模应用的基础条件。CO_2 运输方面的研究重点包括 CO_2 净化、压缩、液化，自动化运维，安全性评价等关键问题；CO_2 地质利用与封存方面，重点研究 CO_2 强化采油、CO_2- 水 - 岩作用定向干预及封存性能强化、CO_2 矿化封存、建模及封存模拟、地质封存安全监测控制和环境影响预测等关键问题。

CO_2 化学生物转化利用是构建碳循环经济不可或缺的关键一环。CCUS 技术长期集中于开发高效定向转化合成有机含氧化学品、油品新工艺，发展高效光 / 电解水与 CO_2 还原耦合的光 / 电能和化学能循环利用方法，实现碳循环利用。其面临的主要科学和工程问题包括：降低成本和能源壁垒，提高转换效率，使碳利用转化途径更具经济性；热化学、电化学、光 / 光电化学转化机理研究；CO_2 生物转化为多碳化学品和生物燃料技术等。

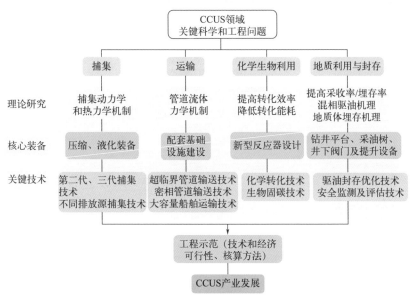

● 图 7-8　CCUS 领域各环节关键科学和工程问题

7.4　技术发展路线

近年来，CCUS 领域取得重大突破，CCUS 全流程各环节技术均取得重要进展，并具备了大规模全流程系统的设计能力。与此同时，CCUS技术大规模应用仍受到成本、能耗、安全性和可靠性等因素制约。图7-9对比了国内外CCUS典型技术所处阶段，可以看出我国与国外先进技术水平在某些技术环节上还存在一定差距，如管道运输、地质封存等。

图 7-9　国内外 CCUS 典型技术所处阶段对比

目前我国 CCUS 技术处于研发示范阶段，随着技术逐渐成熟，CCUS 有望成为我国从化石能源为主的能源结构向多能融合的新型能源系统转变的重要技术保障。预计在 2060 年前，CCUS 技术的高能耗和高成本等共性问题将得到根本改善，其在各行业的推广应用不仅可以实现高碳能源大规模低碳化利用，而且可以与可再生能源结合实现净零排放。未来需要明确重点行业中 CCUS 技术应用对新材料、新技术、新方法、新过程的需求，开发新一代低成本碳捕集吸收剂 / 吸附剂、高性能二氧化碳催化剂，探索温和条件下的二氧化碳活化转化新过程、工业过程废热与 CCUS 过程高效耦合新方法、CCUS 技术与工业过程深度耦合新途径，构建 CCUS 产业集群与新型多元能源系统等。依据生态环境部发布的《中国二氧化碳捕集利用与封存（CCUS）年度报告（2021）——中国 CCUS 路径研究》和科技部发布的《中国碳捕集利用与封存技术发展路线图（2019 版）》绘制了各技术环节的发展路径图（见图 7-10）。按照时间节点，未来 CCUS 的发展路径如下。

2020—2030 年，更低能耗的第二代碳捕集技术完成示范，捕集成本大幅降低，CO_2 转化利用形成多种技术路线，开始推广并替代现有技术，CO_2 封存技术形成多个大规模项目并积累丰富的工程建设经验，若干前沿性 CCUS 技术取得技术攻关突破，具备大规模示范应用条件。

2030—2050 年，各个行业包括电力和工业领域等开始部署 CCUS 技术，完成若干低成本、大规模、全流程和跨领域 CCUS 示范项目，建成多个 CCUS 产业集群，逐步完善加强运输管网规划布局和建设与集群基础设施建设，碳捕集 - 转化一体化、CO_2 光电催化转化、DAC 和 BECCS 等前沿技术完成规模化示范。

2050—2060 年，CCUS 技术全面嵌入能源和工业体系，与各行业深度融合发展，负排放技术大面积推广，保障碳中和目标平稳实现。

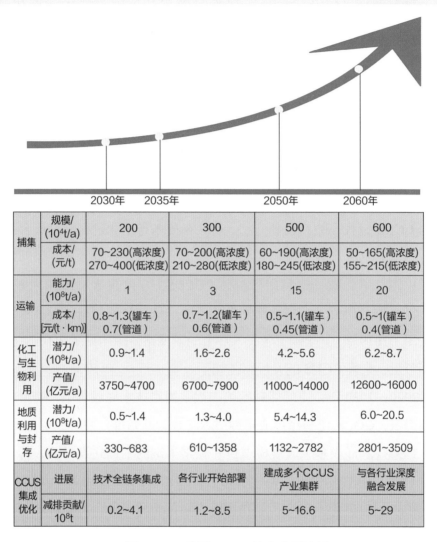

		2030年	2035年	2050年	2060年
捕集	规模/(10⁴t/a)	200	300	500	600
	成本/(元/t)	70~230(高浓度)270~400(低浓度)	70~200(高浓度)210~280(低浓度)	60~190(高浓度)180~245(低浓度)	50~165(高浓度)155~215(低浓度)
运输	能力/(10⁸t/a)	1	3	15	20
	成本/[元/(t·km)]	0.8~1.3(罐车)0.7(管道)	0.7~1.2(罐车)0.6(管道)	0.5~1.1(罐车)0.45(管道)	0.5~1(罐车)0.4(管道)
化工与生物利用	潜力/(10⁸t/a)	0.9~1.4	1.6~2.6	4.2~5.6	6.2~8.7
	产值/(亿元/a)	3750~4700	6700~7900	11000~14000	12600~16000
地质利用与封存	潜力/(10⁸t/a)	0.5~1.4	1.3~4.0	5.4~14.3	6.0~20.5
	产值/(亿元/a)	330~683	610~1358	1132~2782	2801~3509
CCUS集成优化	进展	技术全链条集成	各行业开始部署	建成多个CCUS产业集群	与各行业深度融合发展
	减排贡献/10⁸t	0.2~4.1	1.2~8.5	5~16.6	5~29

▶ 图 7-10　我国 CCUS 技术发展路径

第8章

多能融合科技路径实施建议

8.1 加强研发与应用的系统性布局

系统性是"多能融合"技术路径的核心。在现有能源系统框架下，面向碳中和远景目标，必须推进跨领域综合交叉，打破能源与其他行业、能源内各分系统间相互独立分割的局面，解决依靠单领域科技发展难以突破的跨系统问题。建议充分发挥新型举国体制优势，统筹全国科技优势力量，基于"多能融合"理念框架，跨领域系统化部署支撑"双碳"目标实现的研发系统，加速"碳中和"目标实现所需的科技研发。同时，科技成果转化为现实生产力也是一个系统工程，涉及政策设计、科技攻关、产业承接和市场需求等，各个环节的有效衔接不可或缺。应加强有利于"多能融合"科技成果转化的生态建设，构建政策链、科技链、产业链和资本链四链融合的科技成果转化体系。

8.2　加强典型区域的示范带动

我国幅员辽阔，各地区资源环境禀赋和经济社会发展实际不同且极不均衡，难以用同一套技术方案解决所有地区的所有问题。因此，"双碳"工作必须基于各地区资源环境禀赋、产业布局、发展阶段等实际情况，结合区域重大战略、区域协调发展战略和主体功能区战略，因地制宜推进。建议从全国一盘棋的高度，统筹选取一批具有典型特征的区域，针对各典型区域的主要问题和问题的主要方面，开展"多能融合"技术的集成示范，为全国同类型区域提供可操作、可复制、可推广的技术方案，并以点带面，带动全国同类型区域绿色低碳发展。

8.3　加强知识产权保护

可以预见，在"双碳"目标的强力驱动下，我国在面向碳中和的能源和工业体系中将产生海量的"多能融合"新技术和相关知识产权。建议提早布局，进一步加强知识产权保护，以此激励不同创新主体、市场主体投入"多能融合"技术的研发、示范和推广应用。需进一步完善知识产权保护的法律法规，并加大执法力度，树立典型，提高全社会对知识产权保护重要性的认识。同时，在科技成果转化过程中，应健全知识产权价值评估体系，畅通知识产权确权分享通道，盘活知识产权价值，使知识产权真正成为一种可以估值、定价和流通的生产要素和资产。

8.4　加强全社会"双碳"共识

"双碳"目标提出以来，政府、学术界、企业界等社会各界开展了热烈讨论，但鉴于"双碳"目标实现的长期性、艰巨性，仍需加强"双碳"知识普及，引导全民低碳绿色生活转型。建议围绕"双碳"目标，通过基础教育、专题培训、公益广告等多种形式开展宣传，引导全社会培育绿色低碳文化氛围。培育公众节约能源、避免浪费的行动意识，引导公共机构、机关学校、干部职工优先发挥绿色节能示范和表率作用，使低碳节能和环境保护观念深入人心。

8.5　加强国际合作与交流

"双碳"目标实现是全球应对气候变化危机的共同追求。我国应继续积极参与全球环境治理、气候治理，进一步加强能源科技领域的国际交流与合作，为世界贡献中国方案。在能源科技创新方面，建议设立"碳中和"国际大科学计划，吸引国际智力参与能源科技研发；通过政策、资金支持，鼓励国外能源领域先进技术到国内开展集中示范；进一步促进国际、国内科技领域的深度融合，促进人才、智力、技术的双向流动，助力"双碳"科技发展新格局的形成。

参考文献

[1] 蔡睿，朱汉雄，李婉君，等."双碳"目标下能源科技的多能融合发展路径研究［J］.中国科学院院刊，2022，37（4）：502-510.

[2] 刘中民.以多能融合思维促进煤化工与石油化工协调发展［J］.中国石油企业，2022（12）：12-13.

[3] 刘佩成.我国石化工业推进绿氢炼化的思考［J］.当代石油石化，2022，30（4）：36-42.

[4] 朱汉雄.基于能源利用的中国煤炭相关碳排放估算与情景分析［D］.上海：复旦大学，2020.

[5] 中国石油和化学工业联合会，山东隆众信息技术有限公司.中国石化市场预警报告［M］.北京：化学工业出版社，2022.

[6] 徐瑞芳，张亚秦，刘弓，等.煤制芳烃技术进展及发展建议［J］.洁净煤技术，2016，22（5）：48-52.

[7] 叶茂，朱文良，徐庶亮，等.关于煤化工与石油化工的协调发展［J］.中国科学院院刊，2019，34（4）：417-425.

[8] 杜祥琬.核能技术发展战略研究［M］.北京：机械工业出版社，2021.

[9] 中国核电发展中心，国网能源研究院有限公司.我国核电发展规划研究［M］.北京：中国原子能出版社，2019.

[10] 中国氢能联盟.中国氢能源及燃料电池产业发展报告：碳中和体系下的低碳清洁供氢体系［M］.北京：人民日报出版社，2021.

[11] Pei M，Petajaniemi M，Regnell A，et al. Toward a Fossil Free Future with HYBRIT：Development of Iron and Steelmaking Technology in Sweden and Finland［J］. METALS，2020，10（7）：972.